十万个为什么

关于植物的
有趣问题

GUANYU ZHIWU DE
YOUQU WENTI

未来出版社

图书在版编目（CIP）数据

关于植物的有趣问题 /《十万个为什么》编写组编
著. 一西安：未来出版社, 2012.8（2018.6 重印）
（十万个为什么）
ISBN 978-7-5417-4696-3

Ⅰ. ①关… Ⅱ. ①十… Ⅲ. ①植物—青年读物②植物
—少年读物 Ⅳ. ①Q94-49

中国版本图书馆 CIP 数据核字（2012）第 203553 号

十万个为什么

关于植物的
有趣问题
GUANYU ZHIWU DE YOUQU WENTI

主　　编　云飞扬　魏广振
责任编辑　刘小莉
装帧设计　许　歌
出版发行　未来出版社出版发行
　　　　　地址：西安市丰庆路 91 号　邮编：710082
　　　　　电话：029-84288458
开　　本　16 开
印　　张　10
字　　数　210 千字
印　　刷　保定市铭泰达印刷有限公司
版　　次　2012 年 9 月第 1 版
印　　次　2018 年 6 月第 6 次印刷
书　　号　ISBN 978-7-5417-4696-3
定　　价　29.80 元

前言
Foreword

　　植物是地球上出现最早的生命,它们在经过了亿万年的发展、演化后才形成了今天形形色色的植物世界。我们身边那些姹紫嫣红、娇艳动人的花朵和鲜翠欲滴的绿叶,都是植物身体的一部分。正是这些数以万计的不同植物,将我们的世界装扮得如此美丽。

　　植物王国又是一个纷繁复杂、妙趣横生的世界,如同人类一样,植物也有着自己的个性、喜好与独特的价值。向日葵为什么围着太阳转?榕树为什么能独木成林?叶子的"脑袋"为什么是尖的?铁树到底会不会开花?雨后的春笋为什么长得特别快?什么树会"冒油"?旅人蕉为什么被称为"旅行家"?为什么吃了没煮熟的四季豆会中毒?……许多关于植物王国的秘密使我们充满了好奇。

　　这本关于植物知识的《十万个为什么》精心挑选了近300个青少年读者最关心的经典提问,以最通俗生动的语言和最精彩纷呈的图片,将读者们带进一个神奇的植物王国。在这里,你将开始一段有趣的旅行。

目录 Con tents

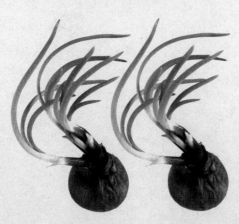

地球上的植物是什么时候出现的

植物被称做"不会说话的生命"，是自然界里的一大家族。这些千姿百态的植物，将世界装扮得美丽多彩。但这些缤纷的美丽并不是一蹴而就的，地球上的植物经历了漫长而复杂的演化历程。

地球上最早出现的植物属于菌类和藻类，生活在20多亿年前的远古代。大约4.3亿年前的志留纪，绿藻首先脱离了水而登上陆地，进化为蕨类植物。裸子植物兴起于三叠纪，到了白垩纪，更高级的被子植物从裸子植物中脱生而出，并不断发展着自己，最终形成我们现在所看到的满山遍野的树木花草。

❶蕨类植物

世界上共有多少种植物呢

经过科学家们很多年的搜集、辨认和研究，现在确定下来的植物一共有40多万种。植物学家们还给植物分了类，依次为门、纲、目、科、属、种。而我们通常都会简单地把植物们分成高等植物和低等植物，这样方便辨认。

❶各种各样的花草植物

高等植物包括苔藓、蕨类植物、裸子植物和被子植物。其中被子植物是现今为止植物发展的最高级阶段，它们的分布十分广泛。低等植物主要是指各种菌类和藻类，它们的构造比较简单，主要靠孢子来繁殖。

百科加油站

和其他植物相比，被子植物有真正的花，所以又被称为绿色开花植物。典型的被子植物，是由地上部分的茎、叶、花、果实、种子以及地下部分的根组成的。

如果地球上没有植物，人类会怎样呢

植物与人类的生活息息相关，如果地球上没有了植物，人类面临的现实只有一个，那就是死亡。

植物为人类提供了氧气和食物。植物利用本身的光合作用，吸入二氧化碳，呼出氧气；人类则恰恰相反，要吸入氧气，呼出二氧化碳。若是没有了植物的氧气供应，相信我们也不会有生存的希望。同时，植物也是人类不可或缺的食物来源，我们所吃的粮食、水果来自各类农作物、果树的果实；我们所食用的蔬菜多是植物的茎和叶。其他动物和人类也一样，失去了植物，意味着动物们的灭绝。我们可以想象，一个没有植物的世界，失去了鲜艳的花朵，看不到清新的绿叶，该是多么枯燥和乏味。

⋂ 经过阳光和雨水洗礼的植物

植物也要像人类一样吸取氧气吗

氧气是人类生命活动的源泉，我们每时每刻都在吸进氧气，呼出二氧化碳。

植物也在日夜不停地进行呼吸。只因为白天光合作用强烈，而光合作用所需要的二氧化碳，远远地超过了呼吸作用所能产生的二氧化碳。因此，白天植物只吸进二氧化碳，吐出氧气。到了晚上，光合作用停止，植物就只能进行呼吸作用，吸进氧气，吐出二氧化碳。这种呼吸作用叫做"光呼吸"。

为什么说植物是个巨大的"化工厂"

植物对动物和人类产生了巨大的影响。它提供给地球上的生命需要的氧气,这个过程就是光合作用。

光合作用可以大量制造有机物,人类和动物的食物都来自这些有机物。它还能转化并储存太阳能。煤炭、石油等燃料中所含有的能量,都是绿色植物储存起来的。光合作用对生物的进化具有重要作用,植物本身就像一个巨大的化工厂。

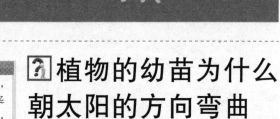

○植物的光合作用

百科加油站

向日葵颈部的生长素胆小怕阳光,一见阳光,就跑到背光的侧面去躲避起来。这样,背光一面的生长素越来越多,长得也比向阳的一面快些,向日葵就总向着有光的一边弯曲。

○向日葵

植物的幼苗为什么朝太阳的方向弯曲

稻、麦的幼苗受到阳光照射后,会向阳光的方向弯曲,但是如果把这些幼苗的顶端切去或者用东西遮住的话,那么幼苗就不再向太阳"鞠躬"了!这是为什么呢?

原来,植物体内有一种特殊的化学物质,能使幼苗背向太阳的一面生长加速,这种奇妙的物质被称为"植物生长素"。在单侧光的照射下,生长素在背光一侧比向光一侧分布得多,背光一侧的细胞生长得快,使得茎朝生长慢的一侧弯曲,也就是朝着太阳的方向弯曲。

你知道韭菜变韭黄的秘密吗

　　韭菜是百合科植物韭的叶子，颜色碧绿，味道浓郁，是北方过年包饺子的主角。韭黄也是韭菜的一种，纤维比韭菜软，味道也没那么冲，深受人们的喜爱。那么，绿色的韭菜怎么会摇身一变，成了嫩黄色的韭黄呢？

　　韭菜虽好，但它含有大量粗纤维，不易被人体吸收，于是，聪明的种菜人发明了一种"遮阳蔽荫法"来克服韭菜的缺点。大家知道，太阳是一切植物生命的能源，植物只有通过阳光才能进行光合作用，为枝叶制造出大量的叶绿素。种菜人把韭菜栽好后，上面用草覆盖，不让韭菜在生长过程中见到阳光，韭菜无法进行光合作用产生叶绿素，就变成了嫩黄色的韭黄。

　　有人认为韭黄是韭菜在高科技辅助下的"升级产品"，营养价值应该比韭菜高一些，其实不然。科学家检测后发现：韭菜中矿物质和维生素的含量都比韭黄高，其中钙、铁、磷、维生素A的含量更是韭黄的3～4倍，而两者的蛋白质、脂肪、糖的含量基本相近。

ⓒ扎捆的新鲜韭菜

[?] 植物是怎样繁殖后代的

植物繁殖后代的方式五花八门，除了人们最常见的种子繁殖外，还有许多奇特有趣的繁殖方式。

高等植物的一部分器官脱离母体后，还可以重新发育成一个完整的植株，这种利用根、茎、叶、芽等植物的营养器官来获得新植物的方法，叫做营养繁殖。例如泡桐树利用树根繁殖，燕子掌利用叶片繁殖，吊兰利用匍匐茎繁殖，卷丹百合利用珠芽繁殖等。蕨类植物有它自己的繁殖方式，叫做孢子繁殖。它的孢子是由母体直接产生的，不需要经过两性结合。

🅞 马铃薯

百科加油站

马铃薯有发达的地下茎，含有丰富的水分和养分，除了供人们食用以外，还担当着繁殖后代的重任。在收获季节，人们挑选优良、健康的地下茎留种，到第二年进行栽种。

[?] 为什么有的植物能连生在一起

"在天愿做比翼鸟，在地愿为连理枝"，在我国的许多著名风景区或古老的寺院里，都可以见到连生在一起的连理枝或连理根，它们的枝干紧紧相依，合生在一起。

树木的这种连生现象，其实是自然形成的。当相邻的两棵树枝丫交叉时，在风力作用下相互摩擦，磨破树皮，露出形成层。等风平静下来后，相交之处的形成层会产生新的细胞愈合在一起，使两棵树长成"连理枝"。

在大森林里，树木连生现象屡见不鲜。不过连生并不是对两棵树都有好处，而只对生命力强的树有利。因为强壮，所以它能获得更多的营养物质，使得弱小一些的那棵树发育不良甚至死亡。

🅒 大森林里的树木连生现象

世界上有胎生的植物吗

　　植物的繁衍大都要经过播种发芽、长成植株、开花结果等生长发育阶段，但自然界却存在着这样一类植物，它们像哺乳动物那样先"怀孕"再"分娩"，这类植物被称为胎生植物。

　　生长在热带地区的红树就是一种典型的胎生植物。红树虽然也和其他植物一样开花、传粉、结果，但不同的是，其他植物的种子在成熟以后会离开果实自己萌芽，而红树的种子却在果实里面发芽，直到长成幼苗才离开母树，落到脚下的泥土里扎根生长。

　胎生的红树

为什么说佛手瓜是胎生植物

　　佛手瓜的下半部分膨大，顶部有几条沟纹向中心凹陷，看起来就像握紧的大拳头，因此而得名。由于它的果肉丰厚，所以人们既用它作蔬菜，又用它作充饥的粮食。

　　由于佛手瓜的原产地高温多湿，每年又有一定时间的旱季，因此它在雨季时便迅速生长发育、开花结果，种子成熟后不脱离母体，就在果实中萌发成为幼苗。每当干旱季节来临，佛手瓜的瓜藤枯萎，挂在瓜藤上果实中的幼苗，却能从果肉中吸收到必需的水分。一旦雨季来临，它就落在地上，并抢在雨季结束之前，迅速地开花结果。佛手瓜就这样以胎生的特性，争分夺秒，利用有限的水分存活下来。

　佛手瓜

为什么有的植物长在别的树枝上

人们都知道，植物是生长在土壤里的，可是就是有些植物不长在土里，而是长在其他植物的树枝上。生物学上把这种现象叫做"寄生"。

寄生植物自己不能制造营养物质，主要依靠吸收被寄生植物体内的营养来维持自己的生命。寄生植物有很多，常见的有菟丝子、列当、蛇菰等。寄生植物大都会对寄主产生不利影响，有时还会引起寄主的死亡。但因为自然的选择，寄主与寄生植物通常都会慢慢适应对方，最后进化为共生。

⚬列当

为什么说独脚金是一种可怕的草

独脚金是一种半寄生植物，多生于山坡、石缝、沟谷阴湿的小草丛中。它的种子落在寄主植物身旁后，会长出主根，立刻膨大起来，紧紧吸住寄主植物，把寄主体内的大量营养都吸到自己身上来，作为寄主的高粱、玉米等农作物因此会一株株枯萎而死。独脚金的繁殖能力超强，种子寿命也很长，是一种让农民头痛的可怕的草。

可怕的独脚金却是一种珍贵的药材，它全身都可以入药，对治疗小儿疳积、食欲不振和腹泻有很好的效果。

菟丝子为什么被称做植物界的"寄生虫"

大豆田里，经常可以见到缠绕在绿色豆萁上的金黄色细丝，它就是典型的寄生植物：菟丝子。

菟丝子刚出土时还过着独立的生活，慢慢地茎尖就开始不安分起来，它一旦碰上大豆的茎，就迅速缠绕上去。于是菟丝子的根与叶慢慢地萎缩或死亡，它开始过上不劳而获的寄生生活。因此，菟丝子又被称为植物界的"寄生虫"。

> **百科加油站**
>
> 传说有一个长工不慎打伤了财主的兔子，就偷偷将它藏进了豆地。谁知伤兔在豆地吃了菟丝子，伤竟然全好了。长工于是发现这种黄丝藤有治病的效果，并将它取名为"菟丝子"。

🔾 菟丝子

为什么说檀香树很"可耻"

檀香是一种名贵的香料，气味芳香馥郁、经久不散，深受人们的喜爱。檀香香味来自檀香木蒸馏出来的檀香油，因此檀香树是一种名贵的经济树木。

檀香树是一种半寄生植物。小时候，它还能靠自己的胚乳提供养料，但是一长大，养料用完了，它的根系上就会长出一个个如珠子般的圆形吸盘，紧紧吸附在身旁植物的根系上，靠吸取别的植物的养料来过日子。檀香树还特别小心眼，它不能容许它的寄主比它长得好。如果身旁的植物长得比檀香树茂盛，檀香树很快就会"含恨而终"。一般都是郁郁葱葱的檀香树旁长着几株"营养不良"的寄主，因此，檀香树确实有那么一点"可耻"。

植物的根怎样吸取水分

植物的生长离不开水，而根是植物吸收水分的主要器官。它们深深扎在土壤中，不怕风吹雨淋，使植物可以屹立不倒。

植物根的尖端部分长有大量纤细的根毛，根毛细胞的皮很薄，细胞质少，适于吸收水分。一般根毛的细胞液浓度是大于周围土壤浓度的，这种浓度差使得水分从土壤往根毛细胞里面渗透，形成了压力。

叶片蒸腾时所产生的拉力也是植物的根从土壤中吸取水分的动力。叶片蒸腾时，细胞里的水分不断散发到空气中去，因而细胞最终要从茎里吸水。而茎要从根部抽水，这样，水分就可以源源不断地被抽到叶子里面去。叶子中90%以上的水分都被蒸发掉了，作用之一就是为了让植物更好地吸水。

◐幼苗在生长的过程中吸取土壤中的水分

百科加油站

植物根系吸水的部位主要是根尖，包括分生区、伸长区和根毛区。根尖以上到直到与茎连接的这一段根，则只是负责输送水分和养料。水分还可以通过皮孔、裂口或伤口处进入植物体。

为什么很多植物的根部都长满了"瘤子"

如果把大豆连根拔起，会看到根上长了一个个"小瘤子"。长瘤子可不是什么好事，大豆这是生病了吗？

豆科植物根部长"瘤子"是一种细菌的侵入，这种叫做"根瘤菌"的细菌有益于植物的生长和发育。植物生长过程中需要氮元素，但它并没办法自己吸收，根瘤菌能够吸收空气中的氮气，并把它固定住，供植物生长发育的需要。根瘤菌和大豆相互依存，在生物学上被称为"共生"。

大豆的根

榕树为什么能独木成林

榕树是一种喜欢高温多雨、空气湿度大的常绿阔叶乔木，它遍布于低海拔的热带雨林、沿海海岸及三角洲等地区。由于榕树的果实味道甜，小鸟很喜欢吃，于是坚硬不能消化的种子随着鸟粪到处散播，在热带和亚热带地区的古塔顶上、古城墙和古老的房屋顶上，都可以见到由小鸟播种的小榕树。

榕树最特别的地方在于它的枝条上生出的一条条向下悬垂的气生根，当气生根伸长到达地面后，就可以插入土中像正常的根一样，吸收土壤里的水分和无机盐供植物生长用。气生根逐年加粗，形成树干状，支撑着大树的粗枝，这样的气生根就叫支柱根。当一棵榕树有着多条这样粗壮的支柱根竖立在树冠下时，就形成了独木成林的奇妙景观。

○ 榕树

○ 植物向下长的根须

？为什么植物的根向下生长

植物从一粒小小的种子开始，就知道根应该向地下生长。是谁告诉它"上"和"下"的概念呢？又是什么力量让它选择这样的生长方向呢？

植物的根向下生长是由于地心引力的作用。根和茎受到了地心单个方向的作用，发生向地的生长，这个叫做向地性。不只是根，植物的其他部位受到单方向的外界刺激后，也会发生相应的反应，这种现象叫做"向性"。有了这些向性，乱七八糟撒在地里的种子就可以按照统一的方向生长啦！

？你了解什么是根系吗

大家都知道植物的根，可是，你知道什么是根系吗？其实一棵植物所有的根就统称为根系。不同种类的植物根系按形态可以分为直根系和须根系两种类型。

直根系植物有一根明显的主根，主根发育强健，周围又生出许多侧根。大豆、花生、油菜等大部分双子叶植物的根系都属于直根系。须根系植物的根由许多不定根组成，这些不定根的长短粗细都差别不大，无法明显地区分出主根。水稻、小麦、玉米等禾本植物的根系都属于须根系。

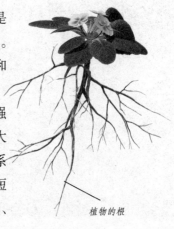

植物的根

旱地里植物的根为什么扎得特别深

俗话说"树有多高，根有多深"，其实这个说法可够保守的。一般植物的地下部分都比地上部分要深，长在旱地里的植物，根就扎得更深了。

植物的生长离不开水，它依靠根不断地从土壤中吸收水分，才能健康地成长。而在旱地里，地表的水太少了，植物想要活下去，只有把根扎得特别深，才能吸到土壤深处的水。因此，旱地里植物的根都长得特别深。

为什么说植物的根会"寻找食物"

植物的根作为吸收器官，需要在土壤中寻找到食物源——营养物质，来供给植物消耗。

有人曾做过这样一个试验：在冻胶的中央放进一块肥料，四边种上几粒发芽的种子。3～4天后，所有的根都会伸向中央，并把肥料围绕起来。这个试验充分地说明植物的根会自己寻找食物。

为什么玉米的根有的长在土壤外面

秋天，玉米成熟时，我们会发现在玉米的茎秆上长着一圈圈挺粗壮的根。为什么玉米的根会长在土壤外面呢？

玉米是须根系植物，会从地上茎节上长出节根，这些节根称为支持根或气生根。夏天天气炎热、雨水充足，玉米茎秆长得很快，上面的支持根也长得又快又粗。雨季过后，土壤水分变少，有的支持根还没来得及长进土里，就停止生长了。它们会悬挂在茎秆的节上，留在土壤外面。

○玉米地

百科加油站

玉米是世界上分布最广泛的粮食作物之一，种植面积仅次于小麦和水稻。玉米在中国的播种面积也很大，是中国北方和西南山区以及其他旱谷地区人民的主要粮食之一。

为什么植物离开水和阳光之后就不能生存了

水被称做生命之源,对植物而言,如果大量缺水,细胞中的化学反应就会停止,细胞的生命就会终结,从而使整个植物死亡。

阳光对植物也是必不可少的。植物通过光合作用吸收阳光和空气中的二氧化碳,为自己的生活制造养料。因此,缺少了阳光就不会有植物。

ↂ 植物生长需要水和阳光

为什么水仙花放在清水里就能活

植物大多要长在泥土里,由根部从土壤中吸收水分和养料才能存活。但美丽的水仙花,却只要长在清水里就能活,这是为什么呢?

水仙只靠"喝"清水就能长得好,秘密在于它根部的鳞茎。鳞茎是在土壤中培育出来的,至少需要三年的时间才能长成,因此它已经在土壤中吸收了足够的养分,足够水仙在水里生长使用。鳞茎饱满充实,水仙就长得茂盛壮实;鳞茎如果瘦小干枯,水仙恐怕连花都开不出来。

百科加油站

水仙是我国十大名花之一。每过新年,人们都喜欢清供水仙,点缀作为年花。水仙的花,犹如金盏银台,高雅绝俗,清秀美丽,洁白可爱,清香馥郁,在全世界都久负盛名。

ↂ 水仙花

❓植物离开土壤之后还可以生活吗

植物需要土壤中的一些营养物质，其中最重要的就是氮。氮是制造蛋白质和核酸的必要物质。核酸是DNA的主要组成元素，而DNA则是每个细胞用来保存遗传信息的重要物质。除此之外，植物也需要磷、钾、硫、钙、铁和镁等矿物质以及很多微量营养素。

既然植物生长需要的是土壤溶解在水里的营养物质，那么是不是只要营养足够，植物就可以离开土壤生活？科学家经过实验，配制了各种营养液，再把种类不同的植物栽培在营养液中，结果植物和在土壤里生长的情况一样，照样开花结果。现在，利用营养液来种植蔬菜，已经不是什么新鲜事了。

❶植物生长在有营养成分的土壤里

❓既然植物会呼吸，那么它们的"鼻孔"在哪里

植物和人不一样，它的"鼻孔"可是不少。看起来平滑封闭的叶片上，其实分布着很多气孔，二氧化碳和氧气就是由这些气孔进进出出的。气孔是由两个形似半圆的细胞围成的，如果说气孔是叶子的大门，那么这两个半圆形的细胞就是大门的门卫了。这两个细胞牢牢地遵守着自己的职责，在外界条件的影响下控制着气孔的开闭，起到保卫作用。

树叶中90%以上的水分都从气孔中蒸发掉了，这样看似很浪费的过程却对叶子很重要。因为蒸发可以散热，可以降低叶子表面的温度，使叶片在强光下不会被晒伤。气孔还能吸收营养物质，再输送到植物的各个部位，补充植物生长发育所必需的营养素。

树木有性别吗

无论是人还是动物，都有男女雌雄之分。性别不同，在社会和自然中的分工也不同。其实植物也是有性别的，它们的性别通过花里的雄蕊和雌蕊来区分。绝大部分植物都是雌雄同体的，就是一株植物体上既有雄蕊，又有雌蕊。

随着科学的发展，人们对植物性别的认识有了越来越深入的了解。花作为树木的生殖器官，有两性花和单性花之分。两性花的雌蕊和雄蕊长在同一朵花里，如苹果、桃、李等。单性花是只有雌蕊或只有雄蕊的花。有些树木的雄花和雌花是长在同一植株上的，雄花长在枝条的根部，而雌花长在顶端，如胡桃、椰子等，称为雌雄同株。有些树木雄花和雌花分别长在不同的植株上，如杨、柳、月桂等，称为雌雄异株。还有一些植物，单性花和两性花有的同时长在一个植株上，有的又分开生在不同的植株上，被称为杂性花。

植物的有性繁殖，就是靠树木的花粉传播来进行的，热心的风大姐和繁忙的蜜蜂、蝴蝶等昆虫，其实就是植物界"男婚女嫁"的"媒人"。深入了解植物的性别是十分重要的，有时候为了得到饱满的种子，使植物可以结更多的果子，人们可以根据这些来采取措施，确保树木有性繁殖过程的顺利进行。

花蕊

百科加油站

印度天南星是一种典型的变性植物，甚至一生还能变几次。雌株的体型高大健壮，开花结果以后就变成了小体型的雄株。等它体力得到恢复后，便又变为雌株，承担起繁殖后代的重任。

为什么植物的茎各有不同

植物的茎是多种多样的。许多树木的茎干直立于地面生长，是直立茎；像牵牛花这样依靠其他物体缠绕上升的茎是缠绕茎；在地面上四处散开生长的是匍匐茎，如草莓的茎；攀缘茎用顶部的卷须或不定根附着在其他物体上生长，例如爬山虎，沿着墙壁就可以不断地向上生长。除此之外，还有斜升茎、斜倚茎、平卧茎等。

茎的类型与植物的生命期长短有关系。寿命长的植物，能够形成坚硬的木质部，增强茎的坚固性，这类植物就是乔木或灌木。相对来说，寿命短的植物比较不容易长出坚固的直立茎来。

植物的茎

为什么有些植物的茎中间是空的

茎是高等植物在长期适应陆地生活的过程中形成的地上部分器官，一般它具有向地上生长的习性。茎能把根所吸收的物质，输送到植物体的各个部分，同时也能把植物在光合作用过程中的产物，输送到植物体所需的各个地方。茎也起着支持作用，支撑植物体的叶、花、果实向四面空间伸展，支持植物体对风、雨、雪等不利自然条件的抵御。

植物的茎中空的现象，一般有两种情况：一是水生植物，由于根部泡在水里，中空的茎可以帮助吸收更多的氧气，用于光合作用；二是茎表面光滑、干硬的植物，例如竹子，由于茎表面的气孔很少，中空的茎也可以帮助植物吸收更多的氧气。

○竹子

洋葱的"衣服"是什么

蔬菜里面，穿"衣服"最多的就是洋葱。洋葱其实是洋葱的地下鳞茎。它的最外层是又薄又干燥的鳞片叶，里边是厚厚的充满了汁液与糖分的肉质营养鳞片叶。把这些鳞片叶都剥去，就剩下了一个小小的扁球形鳞片盘，这就是鳞片叶着生的部位。

洋葱原来生活在沙漠中，那里干旱缺水，为了生存，它们就把鳞片叶一层一层叠在身上形成鳞茎，这样，水和养分就可以保存在身体里了。

百科加油站

根据皮色，洋葱可以分为白皮、黄皮和红皮三种。其中白皮种洋葱鳞茎小，外表白色或略带绿色，肉质柔嫩，汁水多，辣味淡，口感、品质好，很适合生吃。

洋葱的鳞片叶

马铃薯的果实是根还是茎

马铃薯是人们非常喜爱的一种食物，它的果实长在地下却不是根，而是一种变形的茎，叫做块茎。

马铃薯属于地下茎，长期在地下生活，失去了绿色，变了形。它的末端膨大，内部形成层环分裂的大细胞，充满了从地上部分运来的淀粉。马铃薯的块茎上有许多凹陷的芽眼，可以发芽，芽眼上能长出小枝，小枝还能向下长出不定根，这些都是茎才具有的特点。

❍ 马铃薯

叶子为什么是绿色的

叶子的颜色是由它细胞内所含的色素决定的。叶子中的色素种类很多，数量最多的是叶绿素。植物生长所需要的光合作用依赖于叶绿素吸收的阳光，因此植物会大量制造叶绿素以满足自身生长发育的需要。叶绿素多了，自然会掩盖其他色素，使叶子呈现出绿色。

新叶都是淡绿色的，而成熟树叶的颜色则很浓重。那是因为幼叶的叶绿素含量非常少，随着叶片慢慢长大，叶绿素的含量就会渐渐增加，叶子颜色也就深了。

◐ 绿色的叶子

叶子的"脑袋"为什么是尖的

大部分树叶末梢的地方都是尖尖的，这是为了让叶子能够快速排水。下雨的时候雨水落到叶子上，如果树叶的尖端和"身体"一样圆润的话，那么水从树叶上流走的速度就会很慢，叶子浸泡在水里的时间长了，就很容易烂掉。而且太多的水积在叶子里面，柔嫩的叶子经受不起那么大的压力，也很容易被压断。

为什么植物的叶子不大相同

各种植物的遗传特征不同，长出来的叶子也不尽相同，长有针形叶子的松树当然不能生出像扇子一样的银杏树叶。植物生长环境的不同，也决定了它们叶子的不同形状。干旱的地方叶子都比较小，防止水分蒸发；而炎热湿润地区的植物叶子比较阔大，是为了散发热量，避免阳光灼伤。

即使是同一棵植物，叶子也不会完全一样。叶子生成时所需的二氧化碳数量和处理阳光的快慢，都会影响叶脉的密度和叶脉之间的距离。

◑ 大小不一的叶子

为什么叶片上有好多条"筋"

取一片叶子观察，会发现叶子上面布满了脉络状的叶脉，很像人类手上的血管。这些"筋"是干什么用的呢？

事实上，这些叶脉不仅像血管，作用也和血管十分相似。植物的根在土壤中吸收水分和养料，然后，通过叶脉输送到植物的各个部位，以保障植物对营养物质的需求，保证植物生长发育所需要的营养。此外，叶脉还有一个重要的作用，类似于人类的骨头，就是支撑树叶的作用。缺少了叶脉的支撑，叶子就会耷拉着脑袋，挤凑到一起，那样可就见不到阳光了，见不到阳光，植物就没办法生产"食物"了。

叶面上的叶脉

为什么叶子两面的颜色深浅不同

随手捡起一片叶子，会发现叶子两面的颜色深浅不同，正面呈现翠绿色，特别光亮，而背面却是淡绿色的，也不像正面那么光滑。这又是为什么呢？

我们知道，植物叶子里面含有叶绿素，所以呈现出绿色。植物进行光合作用制造养分，靠的就是叶绿素。由于叶子正面每天接受阳光的照射比背面多，生成的叶绿素就多，因此颜色也浓一些、亮一些。而叶子背面细胞排列比较松散，空隙又大，细胞里的叶绿素含量又少，颜色自然就要淡一些、暗一些了。

百科加油站

叶柄是叶片与茎相连的部分，是茎与叶物质运输的通道。叶柄支持叶片伸展在空气中，它的长短、粗细或形状使叶片互相不会遮蔽，也是植物分类的重要依据。

◎树叶

为什么树叶会在天冷的时候掉下来

人们常用"秋风扫落叶"来形容秋天的景色。秋天天气转凉，杨树、槐树等阔叶树的叶子就随着瑟瑟的秋风悄然飘落了。不过，不必为树叶的飘落而惋惜，落叶只是树木的一种自我保护措施。

冬天来临，树木为了自我保护需要休眠，而休眠时树木也需要养分。为了调节自己的体内平衡，很多树都需要落叶来减少水分和养分的损耗，以储蓄能量等条件适宜时再重新萌发。叶柄本来硬挺挺地长在树枝上，随着气温的下降，叶柄基部就形成了几层很脆弱的薄壁细胞。这些细胞很容易互相分离，微风吹动就会断裂，于是树叶就飘落下来了。

○秋叶

为什么许多落叶是背朝天

秋天到了，树叶纷纷从枝头落下来。它们一边翻着跟头，一边往下落，落到地面上时，总是叶面朝下，叶子背面朝天。这是为什么呢？

物体向下落的时候，总是重的一头朝下，轻的一头朝上，落叶也不例外。叶子正面的叶绿素含量比背面多，通过叶绿素制造的养分物质也比较多，叶面的细胞排列紧密，相对较重；叶背的细胞排列比较疏松，就相对轻了。叶子的正面比背面要重一些，因此落地时总是背面朝天。

光棍树为什么不长叶子

植物界中大部分的树都有树叶，但也有例外，比如光棍树。这种树原产于东非和南美，那儿气候炎热，降水量小，蒸发量又特别大，水分极其珍贵。而为了避免水分的流失，光棍树慢慢退掉了身上的树叶。

光棍树虽然没有树叶，枝条里却含有大量的叶绿素，可以在那儿进行光合作用。即使在非洲那种酷热的环境中，它依然可以生活得恰然自得。

⊙光棍树

百科加油站

如果把光棍树移植到多水的地方，它们也是会长出叶子的，因为那样可以适应多水的环境。光棍树是一种适应性很强的树木，它可以在不同的环境下生长。

世界上有无根、无叶的植物吗

天麻是草本植物，生长在林区山间。初夏时节，从地面长出砖红色的花穗，穗的顶端排列着黄、红色的朵朵小花。花开过后，结上一串果子，每个果子里有上万粒如沙尘那样的种子，随风飘扬，不见一片绿色叶子长出。细心的采药人，顺着花穗往下挖，从地下挖出一些像马铃薯、鸭蛋、花生米那样大小的块茎，但找不到一条根，这些块茎就是珍贵的药材天麻。

天麻虽然无根无叶，可它具有高等植物的显著特征：有复杂的开花、结实的器官，用种子繁殖后代。它属于兰科植物，兰科里不少植物都生得稀奇古怪，天麻也是其中极有趣的成员之一。

✿天麻

植物中谁的叶子最大

荷叶像一顶大草帽一样，算是大叶子了，可是比起亚马孙河里的王莲叶子来，可就小多了。王莲叶直径有2米多，叶子的边缘向上卷，浮在水面上像只大平底锅。在叶子中间站上一个35千克重的孩子，它还能像小船一样浮着；即使是在叶面上均匀地平铺一层75千克的黄沙，这个"大平底锅"也不会往下沉。

不过，在陆生植物中还有比王莲更大的叶子。生长在智利森林里的大根乃拉草，它的一片叶子能把3个并排骑马的人连人带马都遮盖住。这么大的叶子，要是人们去野营的话，有两片就可以盖一个4人住的帐篷了。

⚫ 王莲叶

文竹的叶子长在哪里

文竹其实并不是竹，只因为它常年翠绿，枝干有像竹一样的节，而且姿态文雅潇洒，所以被称为"文竹"。很多人都以为文竹那密密的像细针一样的就是它的叶子，实际上那是文竹的茎枝。文竹的分枝郁郁葱葱、细嫩碧绿而又错落有致，变成了叶子的形状，人们常常将文竹的枝认为是叶。那么，文竹的叶子又长在哪里呢？

其实，文竹真正的叶子已经退化成细小的白色鳞片了。鳞片只有芝麻大小，隐藏在细枝丛中，而有的主茎上的叶已经变成了白色的尖刺，不容易被人察觉。

所有的植物都是先长叶子后开花吗

春天来了，百花盛开。怎么有些花儿开了，叶子却还没有踪影啊？是什么原因使这些花儿在叶子长出之前就早早地绽放枝头呢？

植物在上一年的秋天，就已经长出了花芽、叶芽，而这些花芽和叶芽的生长需要不同的温度。有些植物叶芽和花芽的生长对温度的要求差不多，花和叶就差不多同时开放生长；有些植物需要较高的温度才能开花，因此会在长出叶子后开花。而玉兰、迎春这类植物，它们的花芽生长所需要的温度比较低，叶芽却需要较高的温度，因此会在长叶之前先开花。

⬆ 开花的植物

无花果真的没有花吗

无花果不但开花，而且一年还开两次花呢！春天时它抽枝发叶开出花；到了秋天，它的枝条又向上延伸，叶腋间又开出花来。

人们平时看不到无花果的花，是因为它并不想展示自己的芳容。无花果的花开在表皮内，它有一个叫做"囊托"的肉质而有空洞的组织，那怕羞的小花就生长在其中。像无花果这样具有花开在内特性的植物，就属于隐花植物了。

百科加油站

《圣经》中说，吃下智慧之果的亚当和夏娃获得了智慧，开始意识到了羞耻。于是，他们用无花果的叶子遮挡住了自己的下体，无花果也因此有了"生命之果"的美誉。

⬅ 无花果

为什么说圣诞花其实不是花

圣诞花又叫"一品红"，很多人都以为它被观赏的部分是花，其实那是它的变态叶。它真正的花朵是藏在那些红色叶子中间的鹅黄色小花。

圣诞花是虫媒花，由于它真正的花朵太小，所以叶子就变成了鲜艳的红色。这样，小昆虫就会被它们吸引来传播花粉。

🔿 圣诞花

为什么说"毛毛虫"是杨树的花

春天，杨树上总是挂着许多像毛毛虫一样的东西，有的还会掉在地上。其实它并不是虫子，而是杨树的花。杨树的花分两种：一种是雄花，由许多小花组成，往往很早就脱落了；一种是雌花，呈串状，可以播撒种子，也就是人们看到的"毛毛虫"。

每年秋天，杨树的叶子变黄落下时，树上就会长出许多小芽。这些小芽外面有好几层毛茸茸的鳞叶包着，春天一来，就钻出来长成了一串"毛毛虫"。

为什么说马蹄莲的"花"不是花

深秋季节，人们常能在鲜花店里见到漂亮的马蹄莲。马蹄莲的"花"大而洁白、淡而高雅，深受人们的喜爱。

然而这"花"并不是真正的花。在通常被人们误认为是黄色花蕊的肉质小柱上，排列着许多极小的花，这才是真正的马蹄莲花。包裹在花序外面的漏斗状白色大苞片，称为佛焰苞，它色彩鲜明，非常引人注目，容易被误认为是"花"。而马蹄莲真正的花，反而被人们忽视了。

🔿 马蹄莲

为什么棉花不是真的花

棉花其实并不是花，而是长在棉籽上的绒毛，也称棉絮。棉絮是一种植物纤维，可以用来纺纱织布，是人们做衣服的原料之一。

棉花真正的花在初夏开放，有多种颜色并且可以变色，非常漂亮。早晨，棉花的花初开时是白色的，下午变成粉红色，到了晚上又会变成紫色。棉花凋谢以后，慢慢地会在棉枝上结出一个个棉桃。棉桃内有棉籽，棉籽上的绒毛从棉籽表皮长出，塞满棉桃的内部。到了九、十月份，成熟的棉桃裂开，就露出了人们平常看到的雪白的"棉绒花"。

> **百科加油站**
>
> 棉花一般都是白色的，经过加工染色后才有了五颜六色的成品。近年来，在秘鲁发现了具有紫、灰等天然颜色的棉花品种。经过培育，现在已经有了红、黄、蓝等多种有色棉花。

🔊 棉花

铁树到底会开花吗

铁树开花，很少有人看到，很多人认为铁树开花很难，甚至有人提出了铁树"千年开花"的说法。铁树到底会开花吗？

其实铁树是会开花的。铁树的花不同于人们常见的花，它没有绿色的花萼，也没有招引昆虫的美丽花瓣。在气候温暖、雨水丰沛的地方，如果有开花期一致的雌雄两株铁树在一起，它可以年年开花。即使是在寒冷的地方，铁树也可以开花，只是次数少一些而已。

↪ 铁树开花

❓ 植物可以给自己传播花粉吗

植物的花粉产自雄蕊末端的花蕊中。一般雄蕊和雌蕊不会同时成熟，雄蕊成熟较早，等到雌蕊成长到可以接受花粉时，同一朵花上的雄蕊的花粉已经散尽，这时蜜蜂从别处带来的花粉就会派上用场。

有些植物的雄蕊和雌蕊长在同一朵花里，它们也会自己来传粉。雄蕊上的花粉成熟后，会自动落在同一朵花的雌蕊上面，这种传粉方式叫自花传粉，如大豆、小麦就是用这种方式传粉的。而有些植物的雄蕊和雌蕊不长在同一朵花内，无法进行独立传粉，因此只能借助外界的力量，才能把这朵花的花粉传送到另一朵花上，这就叫异花传粉。

❍ 蜜蜂在花朵上采蜜

❓ 花儿为什么喜欢蜜蜂和蝴蝶

花儿喜欢蜜蜂和蝴蝶，是因为需要这些昆虫来传播花粉。大部分植物依靠蜜蜂、蝴蝶等昆虫来传播花粉，这样的花被称为虫媒花。虫媒花会产生很多花蜜，吸引蜜蜂等昆虫前来采蜜。在采花蜜的时候，昆虫把一朵花的花粉粘到身上，然后飞到另外一朵花上采蜜，就完成了花粉的传播。还有些植物会依靠蝙蝠和鸟类传粉，甚至有植物另辟蹊径，选择苍蝇来传播花粉。

除了虫媒花外，有些植物依靠风来传播花粉，这样的花叫做风媒花。它们的花粉总是又细又轻，风一吹就能四处飞扬。而水媒花则会借助水的流动来传播下一代。

为什么有些植物可以在室内生长

自然界中的绿色植物生长都需要光照，但不同种类的植物对光照的要求也不相同。有些植物在强光下生长良好，光照不良就不能存活，这类植物叫做阳生植物。而有些植物却只有在弱光下才能生长良好，强光下无法生长，这类植物叫做阴生植物。还有些植物在强光和弱光下都能生长，这类植物被称为耐阴植物。

室内栽培的花卉有很多都是阴生植物，这种植物通常叶子很大，这是植物对弱光环境适应的结果。室内栽培花卉通常要放在较光亮处，尽管没有直接的阳光照射，但它们并不是完全不需要阳光照射，如果种在采光不良的室内，阴生植物的生长也会受到很大的影响。

☝室内盆栽植物

为什么说芦荟是净化空气的"好帮手"

芦荟的品种很多，它喜欢温暖干燥的环境，需要阳光照射，是人们常见的一种植物。芦荟有很好的药用、养生、美容功能，还是净化空气的"好帮手"呢！

盆栽芦荟有"空气净化专家"的美誉，一盆芦荟就等于9台生物空气清洁器。它可以吸收甲醛、二氧化碳、二氧化硫、一氧化碳等有害物质，尤其对甲醛的吸收能力特别强。在4小时光照条件下，一盆芦荟可以消除一立方米空气中90%左右的甲醛，还能杀灭空气中的有害微生物，对净化居室环境有很大作用。当室内有害空气过高时，芦荟的叶片就会出现斑点，这是向人们发出警告呢！只要再增加几盆芦荟，室内空气质量就会趋于正常。

☝芦荟

> **百科加油站**
>
> 室内栽培植物不一定都是阴生植物，因为花卉温室的屋顶是玻璃或透明塑料做成的，这样，植物就可以直接接受太阳光的照射。

为什么龟背竹的叶片有很多裂缝

龟背竹又叫"蓬莱蕉""电线草"，是一种美丽的观赏植物。它的叶子长得很奇怪，不仅有好多大裂缝，有时在叶面上还会出现一个个椭圆形的洞，就像千年龟背一样，因此被称为"龟背竹"。那么，这些洞到底有什么用呢？

不要小看了这些洞，它们的作用可大啦！龟背竹本来生活在墨西哥的热带雨林中，那儿的气候炎热潮湿，经常会有大暴雨。暴雨过后，叶片上的水分必须很快流走或蒸发掉，不然叶子就会烂掉。龟背竹的叶片有了这些洞后，雨水可以顺着裂缝和洞很快流到地下去，这样，龟背竹的叶子就不容易腐烂了。此外，叶片上的洞还能透过阳光，使生长在下面的叶子也能照射到足够的阳光。

❶盆栽的龟背竹

为什么说吊兰是"室内空气净化器"

吊兰不仅是很好的悬垂观叶花卉，而且是一种良好的室内空气净化植物，它的功效甚至比目前一般的空气净化装置还好。

有人曾经做过一个实验：在一个特制的有机玻璃大容器中放入几株吊兰，给予充足的光照，然后充入被污染过的气体。结果吊兰很快就将容器中的有害气体吸收了。在自身的新陈代谢中，吊兰能把空气中的甲醛转化为糖和氨基酸等物质，并且能够分解复印机、打印机所排放的苯，还能"吞噬"尼古丁。室内放一盆吊兰，就相当于安装了一台空气净化器，足以抵消有害气体带来的负面影响。

🔾吊兰

花的寿命有多长

植物的寿命有长短，花的寿命也不相同。人们说"昙花一现"，是指昙花的寿命很短，只有短暂的几小时就凋谢了。可是小麦的花比昙花的寿命还要短，只5分钟就凋谢了，长也不过半个小时。

花中的老寿星，要数热带的一种兰花，可以盛开80天左右。鹤望兰可以开40天左右，蟹爪花能开20天左右，丁香、迎春、山桃等，每朵花开10天左右，而我国著名的牡丹花，花期不过几天。

🔾寿命较长的兰花

百科加油站

花的寿命长短，除了植物本身的遗传因素外，还受环境和气候的影响。一般来讲，花期是可以改变的，如果在植物开花时适当降低温度，可以延长开花的时间。

用什么水浇花比较好

按照含盐的状况可以把水分为硬水和软水。硬水含盐类较多，用它来浇花，会使花卉叶面产生褐斑，因此浇花适合用软水。其中用雨水和雪水最为理想，因为雨水、雪水是接近中性的水，不含矿物质，又有较多的空气，用来浇花十分适宜。

没有雨水和雪水，可以用河水或池塘水浇花。如果要用自来水，最好把它放在桶里储存上一两天，让水中的氯气挥发掉再用。

夏天中午浇花可以吗

夏天天气炎热，花儿也需要更多的水。但是给花浇水也要注意时间，如果在中午浇水，非但不能帮助花儿，反而会害了它。这是为什么呢？

原来，夏天气温比较高，土壤的温度也逐渐升高，而水的温度总是比气温低。如果在中午浇水，土壤的温度会突然降低，而这时候外界的气温仍然相当高，在这种温度急剧变化的情况下，娇嫩的花儿就会因为吃不消这种猛烈的刺激而死亡。

为什么不能用牛奶浇花

牛奶富含丰富的营养，经常喝能使人身体健康，于是就有人用喝剩下的牛奶来浇花，认为这样对花也有好处。其实，花不适合"喝"牛奶。

虽然牛奶里面含有大量的蛋白质，但这些蛋白质没有经过发酵，根本无法被花儿吸收。而且牛奶会使花盆里的土壤板结在一起，让它们变得硬邦邦的。时间一长，花盆里的土就会硬得像一块大石头，给花儿浇的水就渗透不进去了。

◆ 给花儿浇水

世界上最大的花是什么花

在苏门答腊的热带森林里，有一种寄生植物，叫做大王花，一般寄生在葡萄科乌蔹莓属植物的根上。它很特别，没有茎，也没有叶，一生只开一朵花，可这一朵花却开得轰轰烈烈，最大的直径达1.4米，普通的也有1米左右，可算是世界上最大的花了。

🟠大王花

这种世界最大的花虽然美艳动人，但习性特别。开花的时候它会散发出很浓重的恶臭味，这种臭味正好招来一群群和它"臭味相投"的苍蝇在花里进进出出，为它传粉。

百科加油站

在一般的池塘和稻田里，有一种浮生在水面的无根萍。它没有根也没有叶，花的直径只有缝衣针的针尖那么大，不注意是很难看出来的，可以算得上是世界上最小的花了。

为什么昙花的花期很短

"昙花一现"最是珍贵，因为昙花大多在夜里开花，而且花期很短，几个小时后就逐渐枯萎凋谢了，所以人们想要看到昙花开花，可不是那么容易的事。

昙花原产于中南美洲的热带沙漠地区，那里的气候特别干燥，白天气温非常高，娇嫩的昙花只有在晚上开放才能避免被强烈的阳光灼伤。另外，昙花属于虫媒花，沙漠地区晚上八九点钟正是昆虫活动频繁的时候，此时开花最有利于授粉。这种特殊的开花方式使昙花能在干旱炎热的环境中生存。久而久之，这种习性便一代一代地遗传了下来。现在，昙花即使离开沙漠，来到别的地方生活，也仍然保留着夜晚短暂开花的习性。

🟠昙花

？什么是花钟

植物的花期是一定的，而且即使在开花期，植物的花也并非是持续开放。有些植物的花，只在每天的特定时刻才开放。利用植物定时开放的特性，瑞典植物学家林奈把一些经过选择的花，组合排列成"钟表"种在花园里，要想知道几点钟了，只要去看看什么花在开放就行了。人们把这个别出心裁的创造叫做花钟。

林奈的花钟开放的时间是这样的：蛇床花3点开放，牵牛花4点开放，野蔷薇5点开放，龙葵花6点开放，芍药花7点开放，睡莲8点开放，金盏花9点开放，半枝花10点开放，马齿苋花12点开放，万寿菊15点开放，紫茉莉17点开放，烟草花18点开放，剪秋萝19点开放，夜来香20点开放，月光花21点开放，昙花22点开放。

？花为什么有各种颜色

植物的进化和昆虫的进化是分不开的。开始时，植物依靠风的力量繁殖下一代，风可以把它们的孢子吹到各处，进行繁殖。但是，风是反复无常的，用风来繁殖，似乎太冒险了。

在1亿多年前，植物进化出了花，同时昆虫也很快从以孢子为食进化到以花粉为食，并且在食用花粉的同时，无意间为植物传播了花粉，让它受精、繁殖。

不过，这样的方式也存在着很大的随机性。于是，花又进化出了花蜜，来吸引昆虫食用花粉。接下来，五颜六色的花朵出现了，它们是在为花蜜做广告，这样，鲜艳的颜色可以吸引昆虫前来帮助它们繁殖下一代。

🔊 五颜六色的花

❂紫色的丁香

黑色花为什么稀少

花儿有各种各样美丽的颜色，五彩缤纷，装点着这个世界。然而，大自然里似乎很少见到黑色的花儿，这是为什么呢？

自然界七色光的波长各不相同，所含热量也不相同。由于红、橙、黄色的花能够反射含热量多的红、橙、黄色波，吸收含热量较少的蓝、紫色光，不易受到阳光的伤害，因此红、橙、黄色的花朵格外多。青、蓝、紫色的花则正好相反，因此比较少。而黑色的花要将七色光全吸收进去，热量太高，使它更容易在阳光的照耀下枯萎。

有些花为什么会变颜色

花朵的颜色是由花瓣里面的花青素决定的，但是，花青素并不稳定，在不同的温度、湿度、酸碱度的情况下，会有不同的变化。花在一天之中改变颜色也是由于花青素的变化而导致的。例如芙蓉花早上是白色的，中午以后逐渐由粉红变成红色；棉花不但上午和下午会变色，而且同一枝上会同时开着几种不同颜色的花。这都是花里的花青素随着日光照射的强度和温度、湿度的变化而耍的把戏。

人们也可以利用花青素的这种特性来自主地改变花的颜色。取一朵红色的牵牛花，把它泡在肥皂水里，红花顿时就会变成蓝花。这"戏法"还能重新变回去，只要把蓝花再浸到稀盐酸溶液里，它又会变成红花啦！

❂会变色的牵牛花

为什么有的花香,有的花臭

一提到花儿,人们的脑海中自然就会浮现出"芬芳""清幽"这样的字眼。的确,鲜花盛开的时候,散发出阵阵迷人的芳香,让人心旷神怡。那么,这些香味是从哪里来的呢?

花儿之所以发出香味,是因为香花之中有一个制造香味的工厂,叫做油细胞。油细胞会生产出带有香味的芳香油,芳香油在常温下能够随着水分而挥发,散发出诱人的香气。在阳光的照射下,芳香油挥发得更快,因此花儿的香味就更浓了。

不过,并不是所有的花儿都是香的,自然界确实存在着不少散发臭气的花儿。在苏门答腊密林中有一种叫"巨魔芋"的热带植物,它的花序非常漂亮,外形像一个巨型的蜡烛台,花苞外面绿色,里面红色,花穗呈绮丽的黄绿色。但要是凑上去闻闻它的气味,一定会被那强烈的烂鱼臭味熏昏。"犀角"的花是五角星形状的,花冠呈黄绿色,镶嵌着暗紫色的横条纹和斑点,仿佛豹皮一样,因此又叫"豹皮花"。人们欣赏这种美丽的花时,只能站得远远的,因为它发散出来的气味如同腐肉一般,奇臭无比。人们爱吃的板栗,虽然喷香可口,但它开的花也是臭不可闻。

散发臭味的花儿之中有一个臭味加工厂,它产生的气味是臭的。别看这些花儿奇臭无比,其实它们正是靠这种臭气来引诱昆虫,特别是那些爱吃腐烂食物的蝇类和甲虫来传播花粉的。臭花为了传宗接代,真可以说是"不择手段"了。

百科加油站

在中美洲的森林里,有一种花叫天鹅花。光听名字好像很美,其实不然,它看上去就像癞蛤蟆一样脏,还散发出一种像腐烂的烟草那样的臭味,没有吸烟习惯的人特别怕闻这种臭味。

❀ 各种各样美丽的花

为什么艳丽的花没有香气，而素色的花香气扑鼻呢

对于植物来说，开花的目的很单纯，就是为了结果。然而要结果就需要昆虫来帮忙传播花粉，而色彩和气味正是植物引诱昆虫的工具。

许多昆虫单凭着颜色，就能准确地识别出适合它采蜜的花朵，至于花儿发出什么气味，对它们来说无关紧要。另外一些昆虫，由于本身的生理结构，对花的颜色"熟视无睹"，但对于花朵散发出来的气味，反应则非常灵敏。因此，颜色艳丽和香气扑鼻，花儿只要拥有其中的一项，就可以吸引昆虫，完成传粉。

❀ 花香扑鼻的粉茉莉

晚香玉为什么夜来香

一般情况下，太阳一晒，花瓣内的挥发油更容易挥发出来，花儿闻着也就特别香。晚香玉偏偏不是这样，白天它只有很淡的香气，到了夜间香气反而更浓了。这是为什么呢？

晚香玉花瓣上散发香味的气孔有个奇怪的毛病：一旦空气的湿度大，它就张得大，气孔张得大了，蒸发的芳香油就多。夜间空气湿润，气孔张大了，散发出的芳香油也就多，香气就会特别浓。

> **百科加油站**
>
> 晚香玉的花，不但在夜间，在阴雨天香气也比晴天要浓。那是因为在阴雨天湿度加大的缘故。有人晚上给茉莉花浇水，觉得香气特别浓，也是这个道理。

❀ 晚香玉

为什么薰衣草可以驱逐蚊子

　　每当风吹起时，一整片的薰衣草田宛如深紫色的波浪层层叠叠地上下起伏着，特别美丽。薰衣草在古罗马时代就已是相当普遍的香草，因为它的功效最多，所以被称为"香草之后"。

　　薰衣草还可以驱赶蚊子，因为薰衣草的香味里面含有一种特殊的物质，这种物质对人体没有什么伤害，但是蚊子却非常讨厌这种味道。不仅是蚊子，蟑螂、苍蝇等虫闻到这种气味也退避三舍。这些气味还可以抑制或杀灭细菌和病毒呢！

⊃ 薰衣草

为什么月季被誉为"花中皇后"

　　在姹紫嫣红的百花园中，月季花容秀美，香味浓郁，香、色、姿、韵四绝皆备。哪一种花的花期都没有月季花那么长，它能从5月一直开到11月，可以做到"春色四时常在目，但看花开月月红"，因此被誉为"花中皇后"。

　　虽然贵为"皇后"，可月季并不是娇气的花卉，它的适应能力很强，在世界各国都能看到月季花美丽的身影。

为什么称牡丹为"花中之王"

　　牡丹是我国的传统名花，它雍容华贵，香气袭人，兼有色、香、韵之美，号称"国色天香"。传说武则天登基后，冬天突然想看百花争艳的场景，于是下了一道命令，让所有的花一齐绽放，结果其他的花都开了，唯独牡丹不为其逼迫所动，没有开花。后人为了赞誉牡丹，称其为"花中之王"。

　　这当然只是一个传说。不过，在百花齐放的春天，牡丹花冠绝群芳，确实是一道靓丽的风景线。牡丹不仅花美丽，它的根还是一味很好的药材。

⊃ 牡丹

为什么称君子兰为"花中君子"

君子兰是深受人们喜爱的观赏性花卉，它原本生长在水边、石畔。君子兰具有巨大的肉质根，叶子是带状的，呈墨绿色，上面有平行的脉络，分别列在茎的两侧，就像绿色的宝剑一样。开花时节，十几朵漏斗型的大花簇拥在一起，雅致而美丽。

君子兰不只可以赏花，还可以赏叶。其他花卉多以花朵艳丽或香气袭人而引人注目，君子兰却以叶、花、果并美而闻名，它的叶子甚至比花更具有观赏价值。在北方的寒冬，外面冰天雪地，室内君子兰的叶片簇拥着一团火红的花朵，花、叶都高贵大方，说它是"花中君子"，名副其实。

❶君子兰

为什么杜鹃被称为"花中西施"

杜鹃花又叫映山红，是我国三大天然名花之一。唐代大诗人白居易曾有诗写道："闲折一枝持在手，细看不是人间有。花中此物是西施，芙蓉芍药皆嫫母。"这可以算是对杜鹃花的最高赞誉了。因此，杜鹃花又有"花中西施"的美誉。

除了红色以外，杜鹃花还有多种颜色。花开的时候，红的殷红似火，热情奔放；白的就像晶莹的雪花，纯洁无瑕；红中带白，就像女孩披着洁白的纱；黄的金灿灿；紫的有如宝石般绚烂……五彩缤纷，如云似霞，真是"回看桃李都无色，映得芙蓉不是花"！

百科加油站

杜鹃多数为小乔木或灌木，也有高大的乔木。在我国高黎贡山上发现的一株杜鹃花树，高25米以上，基部直径约3米，树龄500年以上，是至今发现的世界杜鹃花树之王。

❶杜鹃花

为什么金花茶被称为"茶族皇后"

山茶花一直是非常名贵的花卉,它有多种颜色,红的、粉的、白的、紫的,可就是没有见到过黄色的。20世纪50年代,人们偶然在广西的山野丛林中发现了开着金黄色花朵的山茶,并将它命名为"金花茶"。金花茶以它金黄色的花朵称雄于山茶花家族,在茶花育种和园艺上具有极高的价值,享有"茶族皇后"的美誉。

金花茶是一种古老的植物,极为罕见,是世界上稀有的珍贵植物,被誉为"植物界大熊猫"。它在冬春之交开花,不仅花美,花期也非常长,金黄色鲜润艳丽的花朵点缀在深绿光亮的绿叶丛中,十分高雅别致。

❶ 红色的山茶花

君子兰和吊兰是兰花吗

君子兰和吊兰的名字中虽然都有个"兰"字,但它们都不属于兰科植物。君子兰和水仙花是近亲,属于石蒜科;而吊兰则和郁金香一样是百合科的植物。这三种植物的叶子形状都很相似,但兰科植物的花儿是两侧对称的,而君子兰和吊兰的花则多是不对称的。

君子兰和吊兰的差别体现在植物生长种子的子房位置上。君子兰子房的位置在雄蕊和花被的下方,而吊兰子房的位置则在雄蕊上方。

❶ 君子兰

哪些植物的花可以吃

很多昆虫以花蜜为食，而很多动物却直接把花朵当作食物。那么花可以被人类食用吗？答案是肯定的。但并不是所有的花都能食用，现在已发现可以食用的花有100多种，像槐花、荷花、桃花、杏花、菊花、玫瑰花等，都可以做成美味可口的菜肴、糕点、饮料、茶、酒以及其他食品。

花朵具有十分丰富的营养价值。特别是盛开时候的鲜花，因为含有大量花粉，其营养价值更胜一筹。实验表明，花粉中含有上百种物质，包括22种氨基酸、14种维生素和其他微量元素，具有强身健体的作用。

◐ 漂亮的荷花

你知道哪些植物的花可以入药吗

花儿不仅美丽，具有很高的观赏价值，很多还有一定的药用价值。传统的中药就是利用这些药用花卉的花、茎、叶、根、果实作为常用药材，为人类防病治病、养生保健。

历代草本医书中都对许多花卉的药用价值多有记述。例如芙蓉花可以清肺凉血、去热解毒，栀子花能清热凉血、平肝明目，百合可以润肺止咳、宁心安神，桃花可以治疗水肿、心腹痛、脓疱疮，杜鹃花则是哮喘咳嗽的克星等。

◐ 芙蓉花

百科加油站

明代杰出的医药学家李时珍，历经千辛万苦，呕心沥血，写出了流传千古的《本草纲目》一书。该书记述了上千种植物的性味、功能及主治病症。

好吃的桂花糕是用桂花做的吗

桂花糕不仅式样漂亮、口感酥软，而且透着一股特别的清香，即使吃完了，香气还经久不散。10月吃桂花糕正是时候，嚼着酥软的桂花糕，闻着桂花的清香，何等享受。那么，桂花糕是用桂花做成的吗？

答案是肯定的。古时人们将鲜桂花收集起来，挤去苦水，用蜜糖浸渍，并与蒸熟的米粉、糯米粉、熟油拌在一起，做成香甜可口的桂花糕。现代人将腌制过的桂花和白糖拌在一起，做成糖桂花，做桂花糕时有时用糖桂花来取代鲜桂花，没了季节性，随时都可以做，但口感自然而然也较鲜桂花糕差了一些。

⊃桂花树

菊花茶是用菊花做的吗

菊花是我国的十大名花之一，也是传统的常用中药材之一。《本草纲目》记载菊花味寒、性甘，具有散风热、平肝明目的功效。现代药理也表明，菊花里含有丰富的维生素A，是保护眼睛健康的重要物质。

用菊花制成的菊花茶能让人头脑清醒、双目明亮，特别是对肝火旺、用眼过度导致的双眼干涩有很好的疗效。菊花的饮用有很多方法，作为一种天然饮品，它越来越受到人们的喜爱。我国著名的菊花茶有安徽黄山的黄山贡菊、湖北麻城福田河的福白菊和浙江桐乡的杭白菊等。

⊙漂亮的菊花

植物的第一颗种子是从哪儿来的

什么事情都有第一次，任何生物有它最起初的种子，植物也不例外。那么第一颗种子是怎么来的？生物在演化过程中，一定都是从低等演进到高等。最低等的生物可以说是细菌，它是依靠自身的分裂来繁殖的。以后植物不断进化，产生了用孢子来繁殖后代的蕨类植物。

蕨类植物的孢子本来是不分雌雄的，可是经过长期进化，有些蕨类植物却产生了雌雄两种孢子。雌孢子总是躲在植物的母体里，雄孢子却在空中到处飘，等落到雌孢子上，就能受精形成受精卵。第一颗真正的种子就这样在世界上出现了。世界上第一种有种子的蕨类，叫做种子蕨，可以算是种子的祖先。

松树的种子

植物的种子都长在果实里吗

吃水果时，常常会发现水果的果肉里面藏着种子。那么，是不是所有植物的种子都长在果实里面呢？答案是否定的，因为只有一部分植物是这样的，这部分植物叫做被子植物。

其实，在丰富多彩的植物王国里，能够形成种子的植物，除了被子植物，还有另外一类较古老的植物——裸子植物。裸子植物没有果实，只有种子，因此它们的种子都是裸露在外面的，如我们常常看到的银杏树枝上挂着的白果，就是银杏树的种子。常见的裸子植物，除了银杏，还有松树、杉树、柏树、铁树等。

百科加油站

裸子植物是介于蕨类植物和种子植物之间的植物，它不再用孢子进行繁殖，而是开出无花被的花，花粉通过风力传播，雌花受精后，由裸露的胚珠发育成种子。

为什么草莓的种子在果肉的外边

植物的种子一般都包在果实的里面，但是在草莓的身体里却没有发现种子。那么它的种子在哪里呢？其实草莓身体表面那些凹穴中的小黑籽就是草莓的种子。

草莓能吃的果肉不是由子房发育形成，而是由花托膨大形成的，这种果实被称为"假果"。由于植物的种类繁多，果实的类型也形形色色，因此果实被分成了好多类。所谓的真果和假果是从果实的组成来看的，由子房发育而来的果实叫真果，

◐草莓

假果是除了子房外还有别的部分，如花被、花托等一起形成的果实。除了草莓之外，苹果、向日葵等的果实也都是假果。

为什么西瓜种子在果实内不会发芽

在西瓜的浆汁中，含有大量抑制种子生长的酚类物质，它们能促使植物体内一种叫做"吲哚乙酸"的植物生长激素含量大大增加。吲哚乙酸主要是促进植物细胞的分裂和细胞伸长、增加的，但是它的作用与浓度的大小有密切的关系，在低浓度时会促进细胞生长，在高浓度时则抑制生长，甚至杀死植物。

◐西瓜

这些酚类物质还会干扰植物体内能量的转化、脱氧核糖核酸的生成，使种子在萌发时得不到必需的能量供应而处于被抑制状态。只有当西瓜籽离开了充满浆汁的瓜瓤，用水冲洗后，消除了抑制种子发芽的物质，种子才有可能正常地萌发。

？香蕉有没有种子

香蕉是人们爱吃的一种水果，它含有丰富的淀粉，气味浓香，味道香甜。人们平时吃水果时，常常可以看到一粒粒的种子，可是吃香蕉时，却看不到有种子，因此，在人们的印象中，好像香蕉生来就是没有种子的。这样的想法，对香蕉来说，多少有点冤枉。

在植物界里，有花的植物开花结籽是自然规律，香蕉也不例外。人们常吃的香蕉没有种子，

◐ 香蕉片

百科加油站

香蕉树并不是树，它是多年生草本植物，属于芭蕉科。香蕉树的叶子很像芭蕉叶，长圆形。它粗壮的"茎"是假茎，常年浓绿，可以做饲料，或者用来造纸、制作绳索等。

是因为现在的香蕉是经过长期的人工选择和培育后改良过来的。原来野生的香蕉也有一粒粒很硬的种子，吃的时候很不方便，后来在人工栽培、选择下，野香蕉逐渐朝人们所希望的方向发展，时间久了，它们就改变了结硬种子的本性，变成了现在的样子。

严格说来，人们平时吃的香蕉里也并不是没有种子，吃香蕉时，在果肉里面可以看到一排排褐色的小点，这就是种子。只是它没有得到充分发育而退化成现在这样罢了。现在种植的香蕉因为种子的退化，繁殖就依赖于无性繁殖了。分离香蕉根部的幼芽，它就可以繁殖了。

人们食用香蕉的历史很长，可食用的香蕉起源于马来西亚到北澳大利亚地区。世界上每年的香蕉产量大概有 3000 万吨，其中大部分都来自拉丁美洲。一般为了方便长途运输，香蕉在还没有成熟的时候就被采摘下来。未熟的香蕉，只要把它放一两天，颜色转黄就可以吃了。

◖ 香蕉树

为什么火龙果里有很多小黑点

火龙果也叫青龙果、红龙果，原产于中美洲热带，因为外表的肉质鳞片很像蛟龙的外鳞而得名。它光洁而巨大的花朵绽放时，花香四溢，果肉营养丰富，含有一般植物少有的植物性蛋白和丰富的水溶性膳食纤维。花美果好，它也被人们称为"吉祥果"。

吃火龙果时，常会看到里面有像芝麻一样一粒粒的小黑点，这其实是火龙果的种子。只要把这些小黑点连同果肉种在泥土里，过不了多久就会长出一棵棵小嫩芽来。火龙果对土壤的要求并不高，但是它最喜欢在肥沃、排水良好的中性或微酸性土壤中生长，平地、山坡、水田或旱地都可以栽培，生命力很是旺盛。火龙果的开花结果期是每年的 5 ～ 11 月，当果实由绿色逐渐变为紫红色时，就可以采收品尝喽！

⚘ 火龙果果肉

哪种植物的种子最大

植物世界千奇百怪，它们之间个头的差异特别明显，在种子上就可以看出一些端倪。生长在非洲东部印度洋中的塞舌尔群岛上的一种复椰子树，它的种子算得上是植物界的大哥了，一粒种子长达 50 厘米，中央有一条沟，好像两个椰子合起来一样，重量竟能达到 15 千克，说它是种子重量之最，那是当之无愧的。

世界上最小的种子应该是天鹅绒兰的种子了，它细小得像灰尘那样，50 万粒不足 1 克重，只要呼吸稍微大一些，就会把它吹得无影无踪了。它们经风一吹，就高高地飘起来，飞得很远，一旦散落在湿润的土壤上，便生出纤细的幼芽。

⚘ 椰子

？什么是人工种子

　　种子能发育出新的植物体，首先是因为它有一个具有生活力的胚。科学家通过组织培养技术，可以把植物组织的细胞培养成在形态及生理上与天然种子胚相似的胚状体，再用富含营养物质的凝胶物将胚状体包裹起来，制成人工种子。

　　因此，人工种子是一种人工制造的代替天然种子的颗粒体，它具备了种子的特性，可以直接播种于田间。目前，科学家已经研制出胡萝卜、苜蓿、芹菜、花旗松和天竺葵等植物的人工种子。

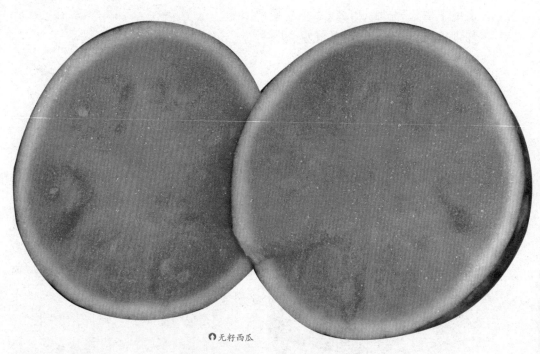

○ 无籽西瓜

？无籽西瓜是怎样种出来的

　　植物的染色体有三种类型：单倍体、二倍体、三倍体。细胞是二倍体的植物，可以传宗接代，有种子长出；细胞是三倍体的就不会结种子。无籽西瓜就是利用遗传上三倍体不能形成种子的原理，育成的没有种子的西瓜。

　　普通西瓜是二倍体植物，体内有两组染色体，科学家用秋水仙素将它处理成四倍体，然后用四倍体西瓜和二倍体西瓜进行杂交，就能结出三倍体的无籽西瓜。

为什么黄瓜成熟后种子不洗干净就不能发芽

黄瓜也称胡瓜、青瓜，属于葫芦科植物。真正熟的黄瓜是黄色的皮，里头的籽也很硬。但人们发现黄瓜生吃更脆更好吃，因此就在绿的时候摘下来。

黄瓜里含有某些对于生长起抑制作用的植物碱、有机酸等，抑制了种子的发芽。因此，黄瓜成熟之后，要及时将种子从果实里取出，并且用水清洗干净，洗掉种子上依附的抑制物质，种子才能正常发芽。

❍ 黄瓜

植物的种子会呼吸吗

❍ 蒲公英

地球上的任何生物，只要有生命就有呼吸，种子当然也不例外。它要维持生命，就必须从体外吸收氧气，同时，将二氧化碳和水排出体外。如果把种子贮藏在低温、干燥的地方，强迫种子休眠，它的呼吸作用就微乎其微，养分消耗就很少很少。

科学家曾经用水稻、小麦和大豆的种子做了实验，发现只要将种子储藏在没有氧气、低温干燥的地方，就会大大延长种子的寿命。

为什么很多植物会"睡觉"

睡眠是植物保护自己的一种方式。除了叶子外，植物娇艳的花朵也有睡眠的要求。比如蒲公英的花朵白天快乐地开放，一到傍晚，就会一点点地合上。

热带地区白天气温太高，很多花就会选择在白天睡觉，晚上开花。牵牛花为了躲避中午强烈的日光，还会选择"午睡"。

> **百科加油站**
>
> 花生也是一位爱犯困的"瞌睡虫"。它的叶子从傍晚开始，便慢慢地向上关闭，说明它要睡觉了；等到早上的时候，叶子才会慢慢地展开，表明它已经睡醒了。

莲藕浸在水里为什么很难腐烂

连续几天大雨后，地里到处积满了水，如果不及时排除掉，棉花、大豆、玉米等许多农作物就会被淹死，时间再长一些的话，整株植物就会腐烂。而莲藕就不同了，它的身体大半段长期在水里，却安然无恙。

为了适应水中生活的环境，莲藕的身体上有一些特殊的构造。它深深地埋在泥泞的池塘底，空气不易流通，自然呼吸也就会感到困难了，但是藕里有许多大小不等的孔，这种孔与叶柄的孔是相通的，同时在叶内有许多间隙，与叶的气孔相通。因此，深埋在泥中的藕，能自由地通过叶面呼吸新鲜空气而正常地生活。

◐ 莲藕

为什么种子发芽能顶开坚硬的外壳

种子是植物用来繁衍后代的，别看小小的种子不起眼儿，可它有时会产生想象不到的神奇力量。种子膨胀的力量能够顶起土壤中坚硬的土块，甚至可以顶起在体积和重量上超过它不止一倍的土块，这对幼苗的及时出土是十分有利的。

有人曾做过一个简单的实验，来证实种子发芽时的巨大力量：将干豌豆装满一个铁炉子，干豌豆吸水膨胀时，竟顶起了近80千克重的炉盖。正是这种惊人的力量，让种子发芽时可以顶开坚硬的外壳。

> **百科加油站**
>
> 人的头盖骨结合得非常致密与坚固，要把它完整地分开很不容易。后来有人把植物的种子放在头盖骨里，这些种子一发芽，便将一切机械力所不能分开的骨骼，完整地分开了。

◑ 种子发芽

❓没有人提醒，种子怎么知道什么时候该发芽呢

种子的身体里面是不是有个时钟呢？为什么到了春暖花开的时候，它们会自动破土而出，不需要任何人的提醒呢？

其实种子在成熟的时候就已经为将来的发芽做好了准备，它的里面有足够的营养。没有发芽的时候，它们都是处于休眠的状态。种子要发芽，首要就是要有适宜的气候和充足的水分。春天万物开始苏醒，种子也受到了外部条件的刺激，于是就开始发芽了。其实，如果可以给它们提供一个合适的环境，即使是在冬天，种子也会发芽。

🔾 发芽的种子

❓为什么不要生吃杏的种仁

杏是人们爱吃的水果，但是很少有人想到，在它那柔软多汁的果肉里，却包含着一颗能致人死命的祸心——种仁。要是误食了它，轻则呼吸困难；重则惊厥、昏迷、抽搐，甚至死亡。

原来在杏的种仁里，含有一种属于氰苷类的化合物，叫做苦杏仁苷。这种化合物在一定条件下会发生水解反应，使分子中所含的羟腈部分变成氢氰酸游离出来。氢氰酸是一种剧毒化合物，它就是种仁使人中毒的原因。除了杏之外，桃和枇杷的种仁中也含有这种苦杏仁苷。有一种甜扁桃仁，又叫巴旦杏，是一种专门吃种仁的干果，它和桃、杏是不同种类的植物。

🔾 杏

植物的种子如何"旅行"

植物自己不会像动物一样运动,但它们的种子却有着各种各样的"旅行"方式。大致说来,植物的种子有两种传播方式:一是借助外力传播,二是依靠自身的力量去旅行。

有些植物借助风力来传播种子,这些种子通常质量较轻,能悬浮在空气中,随风运动到各处,例如木棉种子上有细细的绒毛,适合于借助风力来飞翔;有些植物的种子外面生有刺毛、倒钩或者能分泌黏液,只要轻轻一碰,就会立即黏附到人的衣服或动物的毛上,借助人和动物来帮助它们旅行;水中或沼泽地生长的植物,它们的种子往往借助水力传播,比如莲蓬可以像一叶小舟漂浮在水面上,带着种子随水漂流。

人们常见的豌豆是靠自身的力量传播种子的。当它成熟后,干燥而坚硬的果皮在似火骄阳的烘烤下,常常"啪"的一声爆裂,种子就会像飞出枪膛的子弹,被弹射到远处。凤仙花妈妈的办法和豌豆差不多,也是在成熟后炸裂,把种子送去旅行。

在大自然中植物要生存发展,就会想尽办法来繁衍自己的后代。在亿万年的进化过程中,每种植物都有让自己的种子"旅行"的特殊本领,使种子可以广为传播,生生不息。这种神奇的现象,令人类惊叹不已。

➡ 蒲公英的种子

百科加油站

野燕麦种子的外壳上长有一根长芒,会随着空气湿度的变化而发生旋转或伸直,种子就在长芒的不断伸曲中,一点一点地向前挪动,一旦碰到缝隙就会钻进去,第二年便会生根发芽。

❓ 为什么花生也叫"长生果"

花生，不少地方称它为"长生果"，这是不无道理的。一方面是由于花生具有很高的营养价值，另一方面是因为它还具有一定的医疗作用。花生中有一种叫不饱和脂肪酸的物质，这种物质能防治心脑血管疾病，而且还含有铁、锌

🔊 花生

等人体必需的微量元素，有生血补气的作用，因此花生是养生保健的长生果。

关于"长生果"，还有一个感人的传说：岳飞在和金国决战时，粮草将尽，运粮的常胜国将军却迟迟未归。正当岳飞万分焦急之时，天空忽然"哗哗"作响，掉下来许多紫红色的豆豆，众将士靠这种豆豆充饥，渡过了难关。岳飞根据运粮将军常胜国的谐音，将这种果子命名为"长生果"，也就是现在所说的花生。

❓ 为什么说椰子是最出色的"水上旅行家"

椰子是利用水来传播种子的。椰子的果实是一种核果，外果皮是粗松的木质，中间是坚实的棕色纤维。椰子成熟后掉在水里，会像皮球一样漂浮在水面上，不会烂掉，有时会随着海水漂流数千千米，一直到碰到浅滩，或被海潮冲向岸边。遇到了适宜的环境后，它们在那里发芽成长，重新定居。因此，椰子也被称做最出色的"水上旅行家"。

🔊 椰子

椰子的形状像西瓜，外面可是裹了好几层：外果皮较薄，呈暗褐绿色，中果皮为厚纤维层，内层果皮呈角质，再往里就是一个储存椰浆的空隙。成熟时，里面的椰汁清如水、甜如蜜，晶莹透亮，是极好的清凉解渴之品。

喷瓜为什么被认为是"旅行高手"

好儿女志在四方,植物的种子成熟了也要走出摇篮去远行。许多成熟后的种子是旅行的高手,它们的旅行方式多种多样。

原产欧洲南部的喷瓜,它的果实像个大黄瓜。喷瓜的种子不像人们常见的那样埋在柔软的瓜瓤中,而是浸泡在黏稠的浆液里。喷瓜成熟后,生长着种子的多浆质的组织变成黏性液体,挤满果实内部,强烈地膨压着果皮。这时果实如果受到触动,就会"砰"的一声破裂,好像一个鼓足了气的皮球被刺破后的情景一样。喷瓜的这股气很猛,可以把种子及黏液喷射出5米以外。因为它力气大得像放炮,所以人们又叫它"铁炮瓜"。

百科加油站

杨和柳都属于杨柳科,但在植物学上是有严格区别的。杨花与柳花很相似,结构也很简单,但是杨花没有蜜腺,不能分泌花蜜引诱昆虫传播花粉,只能借风力传播花粉,所以是风媒花。

○ 柳絮

你知道柳絮的秘密吗

春天,许多树木还没复苏,柳树已经抽青发芽了。到了四五月份,空中就会漫天飘舞着柳絮。很多人以为柳絮是柳树开的花,其实它是柳树的种子和种子上附生的绒毛,不是柳花。柳树的花都是单性花,没有花被,只有鳞片。

抓一团柳絮在手中仔细观察,会发现里面有些小颗粒,那是柳树的种子,柳树就是靠柳絮的飞扬把种子传播到远处去的。柳花老熟时,花絮整个脱落,里面的果实裂成两瓣,具有白色绒毛的种子就随风飘散出来。

❓ 为什么说蒲公英的种子是"飞将军"

蒲公英大概在很多人的记忆中，长期占据一席之地。田野间或草丛中，蒲公英的果实如同白色的毛球，在微风中轻轻摇曳着；蹲下身凑上前去，用力吹气，"毛球"就会分开，变成一支一支细小的"降落伞"，借着风力飘向空中。对于蒲公英来说，这样的"降落伞"装置是为了让种子尽力飞向远方，将自己的后代传播到他乡。但对于孩子们而言，在草丛里吹蒲公英，是悠闲午后的阳光下，乐此不疲的游戏。

大概是因为蒲公英那带着"降落伞"的种子太过知名，以至于它们金黄色的花朵反而遭遇冷落。每当初春来临，蒲公英抽出花茎，在碧绿的草丛中绽放出朵朵黄色小花，十分可爱。

🔊 蒲公英

❓ 为什么苍耳老往人身上粘

苍耳的果实身上长满带钩的刺，只要碰上它，它就会粘在人们身上，好像在开玩笑。其实苍耳是在请人们帮助它传播种子呢！苍耳的果实挂在人和动物身上，就可以免费旅行到很远的地方，一旦落在泥土里，到了第二年的春天，它们便会长出新的小苗来。

苍耳是一年生草本植物，在我国各地广泛分布，山坡、草地、小路旁都能见到它的身影。由于苍耳的种子外面有不规则的粗锯齿，因此容易粘在人和动物身上。

🔊 苍耳

为什么植物有酸、甜、苦、辣的味道

谁都爱吃柿子，又都不敢吃生柿子，因为它太涩！这是因为生柿子里含有许多鞣酸。其他有涩味的植物也都是含鞣酸的缘故。植物有酸味，是因为有许多种酸类存在于植物体内，如醋酸、苹果酸、酒石酸、琥珀酸、柠檬酸等，这些酸类没有一个不酸的。

甜是人们喜欢的味道，植物有甜味和糖分不开。许多水果、蔬菜里都含有葡萄糖、麦芽糖、果糖、蔗糖。有些糖类本身并不甜，但是一遇到唾液中的酶，就会被分解成有甜味的麦芽糖与葡萄糖，人们吃起来就会感到甜滋滋的。人们最怕的苦味常常是因为含有一些生物碱。而辣味是因为辣椒中含有辛辣的辣椒素的缘故。

🔵 柿子

为什么黄连特别苦

黄连是一种多年生草本植物，它的地下部分有黄色的根状茎，根上还有分枝，不但长而且还分节，就像一串连珠似的，因此被称作黄连。俗话说，哑巴吃黄连，有苦说不出。那么，为什么黄连会特别苦呢？

黄连之所以会这么苦，是因为它含有一种叫做黄连素的物质。黄连素属于一种生物碱，就是它让人觉得特别苦。虽然苦，但黄连却有很重要的药用价值，可以用来医治燥热、胸闷、呕吐等病症。因为它苦，用黄连制成的药丸表面往往都要覆上一层糖衣，这样吃起来才不至于难以下咽。

> **百科加油站**
>
> 黄连素到底苦到什么程度？有人曾做过一项实验：把一份黄连素放进25万份水中，结果合成的水溶液还是具有苦味。由此可见，黄连的苦真是名副其实的。

？为什么梅子那么酸

梅子是中国的特产，它不但可以生吃，还可以加上糖、盐浸泡，晒干后制成陈皮梅、话梅、糖梅，也可以做成酸甜可口的梅酱和酸梅汤。爱吃零食的人一定都吃过话梅，口感酸中带甜。但这些梅子大都是经过人工加工的，原味的梅子特别酸，因此才会有"望梅止渴"这个成语。

梅子酸，是因为它含有很多有机酸，如酒石酸、单宁酸、苹果酸等。未成熟的小青梅中还含有苦味酸、氰酸，因而吃起来感到酸中带苦。随着梅子渐渐成熟，有的酸慢慢分解了，也有一些转变成了糖。但总的来说，即使已成熟的梅子，它含的酸仍比别的水果多，因此酸味就比别的水果浓得多了。

🔾 梅子

？榴莲为什么这么臭

榴莲是木棉科热带落叶乔木，原产东南亚，盛名远播，有"热带水果之王"的美称。榴莲的营养价值极高，经常食用可以令身体强健，是寒性体质者的理想补品。

然而人们对于榴莲的味道却存在很大的争议。有人赞美它酥软味甜，滑似奶膏；有人却觉得它臭如猫屎，不堪入鼻。的确，成熟的榴莲会散发出一种类似硫化物的气味，甜而奇臭，令人望而却步。但如果习惯了这种气味，就自会感觉到其中醉人的芳香。十分神奇。

🔾 榴莲

？人们食用的是桃子的哪个部分

桃的味道鲜美，营养丰富，是人们最为喜欢的鲜果之一。除鲜食外，还可以加工成桃脯、桃酱、桃汁、桃干和桃罐头。桃树很多部分还具有药用价值，它的根、叶、花可以入药，具有止咳、活血、通便等功效。人们通常认为我们常吃的桃子是它的种子或者果实，确切地来说，我们食用的其实是桃子的果皮。

桃子的果皮分为三层：外果皮是薄薄的一层，中果皮就是人们平时吃的果肉，而内果皮则是人们称之为桃核的部分。在桃核里面包裹着的桃仁才是桃子真正的种子，桃仁里面含有毒素，是不能直接食用的。

🄰桃子

？为什么公园里的桃树只开花不结果

有些公园里种着许多专供欣赏的桃树，到了春天，满树桃花盛开，花色异常鲜艳，吸引着游人。这些桃树有个特点，就是只开桃花，不结桃子。秋天果园里的桃树果实累累的时候，它们却只有满树浓绿的叶子。

原来这种桃树和结果实的桃树不一样，它们的名字叫"碧桃"，是专供开花观赏用的。结果实的桃树开的花，每朵花上只有5个花瓣，而碧桃开的花，每朵花上却有7～8个花瓣，有的甚至多到十几个花瓣，因此叫做"重瓣花"。重瓣花里只有雄蕊，没有雌蕊，或者雌蕊已经退化成为一个小兀突，不能受精。它们只开花不结桃子，就是这个原因。

🄲漂亮的桃花

为什么要把果树上的果实包起来

几乎所有的水果在接近成熟的时候都会受到鸟类的侵袭、病虫的危害以及风雨阳光的损伤，造成收成的减少或质量的差异。针对这种情况，传统方式是喷洒农药，然而这样做不但效果差，而且还造成了对自然环境的污染，危害了人类的健康。

因此，果农们在水果成熟之前，就用袋子把果实包起来。这样做不仅可以使套在袋中的水果不会受到鸟类的侵害，不会受到果蝇细菌的感染，在生长过程中不会被树枝刮伤，避免阳光的直接照射，更由于套袋本身可以产生个别温室效应，使水果保持适当的湿度、温度，提高水果的甜度，改善水果的光泽。

⊙ 苹果树

苹果树种到热带地区为什么不结果

苹果树原产于我国新疆和欧洲的温带地区，这些地方春夏秋冬四季的气温变化非常明显，苹果树就养成了固有的生长、开花、结果的习性。

冬天树叶落了，苹果树在低温下休眠。在休眠期间枝条里积累了许多糖分，秋天形成的花芽躲在鳞片包着的"小屋"里，继续生长发育。到了春天，苹果树长叶、开花、结出幼果，经过夏季的高温，到了秋天，小苹果就长成又大又甜的大苹果了。如果把苹果种在热带地区，那些地方一年四季的气温都非常高，花芽不经过低温阶段，它就不结果。

⊙ 苹果

> **百科加油站**
>
> 苹果中含有大量的果胶，这种可溶性纤维质可以降低胆固醇及坏胆固醇的含量。苹果中的鞣酸有收敛作用，可以将肠道内积聚的毒素和废物排出体外。常吃苹果对身体很有好处。

为什么说"桃李满天下"

人们之所以喜欢桃李,是因为桃李树适应能力强,比较耐干旱,品种多而且分布广,数量非常大。民谚说:"桃三李四梨五年。"桃李三四年开始结果,五六年进入盛期,能持续三五十年之久。

关于"桃李满天下"还有一个有趣的传说呢!春秋时期,魏国大臣子质得罪了魏文侯,就跑到北方开了一家学馆维持生计。学馆里有一棵桃树,一棵李树,来上学的学生都跪在树下拜师。为了感念他的教诲,学生们都在自己住处种上桃树和李树。后来子质到各国游历,看到了学生栽的两种树,便自豪地说:"真是桃李满天下啊!"从此,当老师的就以"桃李"代指学生,并把学生多称为"桃李满天下"了。

世界上现存的最长寿的树是什么树

在人类社会中,100多岁就已经很长寿了,而且很少见。但是树木的寿命一般都比人类要长许多,被称为长寿的树会有多少岁呢?世界上最长寿的树生长在哪里呢?

❶狐尾松

迄今为止,现存的世界上最长寿的树是一株生活在美国加利福尼亚的狐尾松,人们给它起了名字,叫做"玛士撒拉"。玛士撒拉是《圣经·创世纪》中的人物,据传说他享年900多岁,是一位非常高寿的人。不过这棵"玛士撒拉"狐尾松比起这位高寿的人来还要年长许多,它至今已经有4700多岁了。

> **百科加油站**
>
> 如果只是按照生活的时间来计算的话,"玛士撒拉"并不是最长寿的。曾经有一棵龙血树,它的年龄至少达到8000岁,只可惜这位"寿星"大树经不起风暴的肆虐,在风暴中死去了。

怎样才能知道一棵大树活了多少岁

每到新的一年，我们都会长大一岁，树木也是一样。但是人类可以记住自己的年龄，植物会吗？怎样才能知道一棵树活了多少岁呢？这就要看树的年轮了。如果细心观察，就会发现每个树桩上都会有很多密密的同心圆，这些同心圆叫做"年轮"，树木每生长一年，就会长出一圈年轮。树桩上有多少圈，树就有多少岁。

不过，有的树一年可以产生好几个年轮，这叫做假年轮。因此，用年轮的数量来判断树木的年龄只是一种近似的方法，并不是100%正确。

❀年轮

银杏树为什么是最古老的树种之一

银杏是一种古老的树种，大约3亿年以前已经在地球上诞生了。在1亿多年前，地球曾被浩瀚的银杏林覆盖了大部分土地。但是3000多万年前，从北极南下的冰川掩埋了许许多多的植物，以致银杏在欧洲和北美洲遭到了灭顶之灾，成为埋在地下的化石。

由于我国的山脉多为东西走向，起到了阻隔冰川的作用，因此，银杏在我国侥幸地生存下来了，成为我国特有的"活化石"。银杏树是一种生长很慢的树，它有个俗名叫"公孙树"，意思是说，公公种下树苗，到了孙子辈才能吃到果子。

❀银杏树

C 美国巨杉

世界上最高的树是什么树

要想参加最大树木的冠军比赛，那只有一种美国巨杉有资格，它的周长能达到 30 多米。然而最大的树并不是最高的，澳洲有一种叫做杏仁桉的树，一般高度都在 100 米以上，最高的能达到 150 多米，可以说没有比它再高的树种了。

但是，最高的树并不是最长的植物。最长的植物，是热带雨林里一种叫白藤的藤本植物，它的长度有 300 米以上。据资料记载，白藤长度的最高纪录竟达 400 米。

百科加油站

世上最矮的树叫矮柳，它生长在高山冻土带。矮柳的茎伏在地面上，抽出枝条，长出像杨柳一样的花序。这种树的总高度不会超过 5 厘米，因此，它就成为世界上最矮的树了。

森林里的树为什么长得那么高

我们常常会发现，森林里的树木大都长得又高又直，连树枝和树叶都长在树顶上，这是为什么呢？

植物的生长需要光合作用，光合作用的发生需要有足够的阳光。而在森林里，树木非常多，生活非常拥挤，不是每棵树都可以充分地沐浴阳光。为了得到阳光，树木就会拼命地往上长，你争我抢的，最后树木都变得又高又直了。

现存的裸子植物还有哪些

裸子植物虽然生活的年代很久远，但现在还是很多的。人们常见的松、杉、柏等树木都属于裸子植物，此外，苏铁也是这个家族的成员之一。

裸子植物虽然种类不多，但是它们却占据了森林大约80%的位置。大部分裸子植物都是高大的乔木，构成北方森林的主要树种，它们木质坚硬，不易腐烂，是木材的主要来源。

ⵔ 苏铁

银杉为什么被誉为"植物中的熊猫"

银杉是我国一类保护珍贵植物，在地质史的第三纪曾广泛分布在北半球的欧亚大陆。但到了第四纪，地球上出现大量冰川，致使绝大部分银杉被摧毁。

在我国发现银杉之前，人们一直认为它已经在地球上绝迹了，只在地层中保留着化石。20世纪中期，我国植物学家在广西北部山区发现了活着的成片银杉树，这个发现轰动了当时的植物学界，人们于是将它誉为"植物中的熊猫"。

水杉为什么被称为"活化石"

水杉是我国特有的珍贵植物，被称为"活化石"。第三纪时，水杉曾经广泛分布在整个北半球，生长非常茂盛。但它没能逃脱地球的第四纪冰川，因不能忍受寒冷而几乎灭绝。我国特殊的地质地貌，使水杉得以保存下来，成为特有的树种。

水杉是裸子植物，它树态美观，尤其是羽状叶片春天嫩绿，夏季郁葱，深秋金黄，临冬转棕，格外惹人喜爱，是著名的园林观赏树种。

ⵔ 水杉

白桦树身上为什么会长有横纹

桦树家族的成员有150多种，白桦是其中之一。仔细观察会发现，白桦树皮上有一道道的横纹，这些横纹是成排的呼吸气孔，也叫皮孔。通过这些皮孔，桦树就可以畅快地呼吸了。桦树生长一段时间就会自然脱落一层薄皮，这样，一方面把灰尘带走了，另一方面它还能够顺畅地呼吸。

此外，白桦的树皮一边光滑，而另一边却是疙疙瘩瘩，高低不平，这是由于光照不同而造成的。生长在北方的白桦树，光滑的一面是南，而疙瘩的一面则是指向北方。如果不慎在野外迷了路，白桦会是一位很好的"向导"。白桦树的树皮有很多用途，可以当纸来用，还可以作为取暖的引火柴。据说，当年印第安人还曾用它制成独木舟、建造棚屋呢！

白桦树

为什么说树怕剥皮

俗话说：人怕伤心，树怕剥皮。树皮被大面积剥掉以后，往往会导致整棵树木的死亡，这是为什么呢？

树皮生于树茎的外部，它像盔甲一样保护着树茎。将树干横断开，里面大部是木质部分，称为木质部。木质部以外，就是人们所说的树皮。树皮的最里面具有分裂能力的细胞，叫形成层，用肉眼分不清楚。形成层外面是具有运输有机物能力的组织，叫韧皮部。它将树叶制造的有机物运往树枝、树干和根部。树皮被剥掉后，等于切断了树木的运输线，时间一长，根系原来贮藏的养料消耗完毕，根部就会慢慢饿死。地上部分的枝叶得不到充足的水、肥，光合作用、呼吸作用被破坏，最后整株植物便会死亡。

剥开树皮的树

为什么说树皮是个宝

人们常说树皮是个宝,的确,树皮对于人类来说,具有很高的利用价值。树皮可以用来做药,《神农本草经》中就记载了多种树皮的药用价值。人们熟知的杜仲、肉桂的树皮等都可以入药,柳树皮还可以治疗风湿。

树皮可以制成生活用品。桦树皮的弹性很好,可以制成箱篓、摇篮、防雨衣帽等物品;棕树皮可以用来做蓑衣。人们从杨梅、枫树等树的树皮中提炼出来的单宁,是鞣革、人造板工业的重要原料。

树皮可以造纸。曾经在巴拿马国际博览会上获金奖的宣纸,就是檀树皮造出来的。雪花树皮也可以造纸;而五月枫树皮则是人造棉的工业原料。

有些树皮还可以食用。木盐树的树皮可以分泌出盐作调料;榆树皮磨成粉可以做干粮,还能水解分离出葡萄糖,再经过发酵加工成饲料。

树皮还被艺术家们制作成树皮画,常见的有桦树皮画和银芝画。桦树皮画以长白山的桦树表皮、深皮为主要原料,一块树皮能揭很多层,具有很好的韧性,质地柔软光滑,易雕刻着色。早在我国清朝时,吉林就有用桦树皮为皇宫制作贡品的历史。

从经济价值看,树皮确实是个宝。白白地被丢弃和烧掉是很可惜的。目前全世界每年约有2.5亿立方米的树皮可被利用,然而已被利用的还只占很小的一部分。

百科加油站

木栓层在表皮的里面,通常质地轻软而富有弹性。有一种叫做栓皮栎的植物,它的木栓层很厚,把它割下来,就是工业上用途很广的"软木"。

○ 树皮

🔵 白桦树的树皮

百科加油站

　　白桦生活的地区一般都比较寒冷，它们也会储存水分。用小刀在树皮上划一个口，立刻就会有清凉的树汁流出来。白桦的木质也特别坚硬，矿井的顶梁柱多来自白桦。

🖼 树皮都是褐色或黑色的吗

　　世界上的树有那么多的品种，不可能都长得特别相像，树皮也不可能千篇一律都是褐色或者是黑色的。像白桦，它就与众不同，树皮是白色的。

　　白桦树的树皮发育比较特殊，当树皮内的形成层向外分裂时，木栓层的颜色也是褐色的，但是在这些褐色的木栓层外面，还含有少量的木栓质组织，这些组织的细胞中含有大约1/3的白桦脂和1/3的软木脂，而这些脂质均是白色的。由于这些脂质在树皮的最外层，因而树皮便为白色了。

🖼 树皮的细胞有生命吗

　　树皮其实就相当于人类的皮肤，对树木起到保护作用，保护植物不受病虫灾害的损伤，也可以避免气候和气温变化的影响。对人类来说，有些树木的皮还有很高的商业、医疗价值。

　　那么究竟树皮细胞是不是活细胞呢？

　　其实，树皮外面的细胞都是死的。树皮都是防水的，这是因为树木的嫩枝随着时间的推移，渐渐地长出了木质部，随着木质部的分裂，细胞一层层地往外加厚，树枝也慢慢变粗，最外层的细胞开始分裂，产生一种"木栓"细胞，这种细胞里面有一种不透水的物质，它们变得硬了、厚了，就形成了树皮。

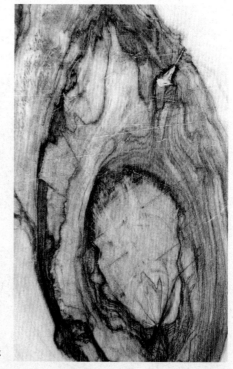

🔵 树皮里面的组织

❶ 圆柱形的树干

🔲树干为什么都是圆柱形的

在周长相同的情况下，圆形的面积最大。这样，圆形树干中导管、细胞等的数量可以达到最大值，树干输送水分和养料的能力也就最大。圆柱形的体积也比其他柱体的体积要大，树干的承受力也就达到了最大值，可以强有力地支撑着树冠。在相同体积之下，圆柱的表面积也是最小的，这样茎与空气的接触面就最少，水分的蒸发量也能控制到最小的程度。

由于圆柱形没有棱角，当风吹过的时候，可以顺着圆柱形的树干擦过，减轻了风对树干的伤害，能起到自我保护的作用。

🔲为什么空心老树能活

树木体内有两条繁忙的运输线，生命活动所需要的物质靠它们秩序井然地向各个部门调运。木质部是一条由下往上的运输线，它担负着把根部吸收的水分和无机物质输送到叶片去的任务；皮层中的韧皮部是一条由上往下的运输线，它把叶片制造出来的产品——有机养分运往根部。

这两条运输线都是多管道的运输线，在一棵树上，这些管道多到难以计数，因此，只要不是全线崩溃，运输仍可照常进行。树干虽然空心，可是空心的只是木质部中的心材部分，边材还是好的，运输并没有全部中断，因此，空心的老树照常生长发育。

❶ 空心老树

世界五大庭园树木是指哪些树

世界五大庭园树木分别是金钱松、雪松、巨杉、金松和南洋杉。金钱松是我国的特有树种。它的叶片扁平柔软，秋后变成金黄色，圆如铜钱，因此而得名。雪松的故乡在印度喜马拉雅山的西北和阿富汗一带，所以又叫喜马拉雅松，因木材有香气，又叫"香柏"。

巨杉是植物界的巨人，最高可以达到140多米，直径达10多米。金松又名伞松，是现存的孑遗植物之一。南洋杉是一种常绿乔木，喜欢生长在空气湿润、土质肥沃的地方，在山谷中生长发育是最佳的。

↳ 南洋杉盆景

为什么雪松在黎巴嫩被当作国树

黎巴嫩国旗红白两色相间，中央印着一棵绿色雪松图案，白色象征着和平，红色象征着牺牲精神。雪松木质坚硬、纹理细致，又被称为西洋杉。

雪松树形优美，树冠塔形，大枝向四周平展，小枝微微下垂，针枝分层叠翠，显得分外秀雅壮丽，因此有"风景树皇后"之称。黎巴嫩雪松树干粗壮挺直，显得秀丽、刚劲、庄严、肃穆，象征着纯洁和永生。久经殖民统治压迫的黎巴嫩人民，把雪松视为偶像，认为它反映了黎巴嫩挺拔强劲的民族精神，因此将雪松当作国树，印在国旗中间。

◐ 雪松

百科加油站

在黎巴嫩首都贝鲁特附近，有个雪松公园，园中有几十棵长寿雪松，树龄高达五千多岁。据说它们与《圣经》同时诞生。传说雪松是上帝所栽，故被称为"上帝之树"或"神树"。

雪松为什么"难生贵子"

雪松以它亭亭玉立的身姿和洁净如碧的美色，被誉为"风景树皇后"。遗憾的是，这娇"皇后"从来没有在我国繁殖过后代，是什么原因呢？

松树是雌雄同株的裸子植物。春天新枝基部生出雄球花，顶端生有雌球花，雄球花上的花粉被风吹散时，

○雪松果

就能沾在雌球花上，使它授粉结籽。但是雪松却绝大部分是雌雄异株，我国的地理条件使雪松雌球花和雄球花的成熟时间相差10天左右。当雄球花上的花粉吹散时，雌花球花还没有成熟，虽有风为媒也难结良缘。因此，这"皇后"也就一直没能生下"一儿半女"。

巨杉为什么能长成"万木之王"

巨杉是所有树木中最粗大的一种，也是地球上存活着的最庞大的生物，被称为"世界巨木之首""万木之王"，最大的巨杉要20个人才可以合抱。那么，巨杉为什么能长得这么粗壮呢？

这首先要归功于巨杉广阔而畅通的营养运输系统。巨杉的根系十分发达，能从营养最丰富的地层吸取水分和营养。巨杉有最厚的树皮，随着树干的粗壮，可以裂成很深的沟，保证树干能有不断生长壮大的余地。此外，巨杉的树皮中富含海绵质，所以不怕森林大火，火不仅不能伤害它，而且能帮它清除竞争对手，赢得生长空间，丰富地面营养，它因此"鹤立鸡群"，长得更加英姿雄伟。

○巨杉

树木如何度过寒冷的冬天

树木为了适应周围环境的变化，每年都用"沉睡"的妙法来对付冬季的严寒，别看冬天树木表面上呈静止状态，其实它的内部变化却很大。冬天树木"睡"得越深，就越忍得住低温，越富有抗冻力；反之，像终年生长而不休眠的柠檬树，抗冻力就弱，即使像南方那样的温暖冬天，它也没有办法安然度过。

> **百科加油站**
>
> 松、柏的叶子大都是针状，而且叶子表层有一层蜡质物质，这是为了尽可能避免水分的流失。终年常绿的叶子，是为了多吸收阳光，制造有机物，支持自己的生长发育。

而松树、柏树这类树则是终年常绿，即使在冬天，它们还在顽强地生长。因为它们生活的环境多是严寒的高山或是寒冷的北方，所以早已经习惯了冬天的冷酷。

◐四季的树木

为什么要把树的"下半身"涂上白色

走在大街上，会看到很多大树的"下半身"都被涂上了白色，就像穿上了白色的裤子。那么，为什么要给树干涂白呢？

树干涂白，目的是防治病虫害和延迟树木萌芽，避免日灼的危害。在日照、温度变化剧烈的大陆性气候地区，涂白可以减弱树木地上部分吸收太阳辐射热，从而延迟芽的萌发期。涂白还能反射阳光，避免枝干温度的局部增高，因而可以有效预防日灼的危害。杨柳树栽完后马上涂白，还可防止蛀干害虫。白灰含有大量的碱性物质，虫子爬上去会非常困难。

为什么要在春天和秋天植树

春天是最好的植树季节，这时候树木开始解除休眠，进入一年中最为旺盛的生长阶段。选择树木即将萌发的时候栽种，有利于树木成活并迅速生长。秋天也是一个植树的好季节，这时树木的生命活动迟缓了，移植时，即使根和枝受点损伤，也不会影响它的内部平衡，一待春来，它就跟春天移植一样，很快恢复了。

冬天时温度很低，树木都处于休眠状态，自然不适合栽种。但夏天树木生长旺盛，为什么也不适宜栽种呢？因为一棵枝叶繁茂的树，生机已经那样旺盛，以致片刻也不能缺少从根部吸收水分和养料。一经移动，在对新土壤还没有适应以前，叶片大量蒸腾水分，就会使它枯干了。

❀ 森林里的树木

为什么要给树木打吊针

人患病住院打吊针，是很常见的事。然而在一些公园里，我们常常会发现大树身上也挂着一包注射液，一根根透明输液管插入树干。这是怎么回事？树木也需要打吊瓶吗？

一般需要打吊瓶的树都是刚刚移栽过来的。树木在移栽过程中，根部有可能会受损，营养吸收不上来，树木就容易死。这时的树木就像刚动完手术的人一样，"身体"虚弱，用打吊针的方法来为树木补充生长需要的养料和水分，可以促进树木生根。除此之外，给树木打吊针还可以灭虫害。害虫在叮咬树木时，会吸走吊针中灭虫的药水，从而起到除害虫的作用。

松树为什么会"流泪"

走近松树的时候，经常会看到松树干上有一团半透明、软乎乎的黏液，还有一股气味，它就是松树分泌的松脂。

在松树的树干、根和松针里，有许多细小的管道，这些管道连接起来，就成了松树身上无所不在的大网络。组成这个大网络的细胞都有一个本事——制造松脂，而且还能把生产出来的松脂运到管道里贮藏好。每当松树受到伤害时，松脂就会迅速把伤口封闭住，不许有害物质侵犯进来。因此，松脂实际上是保护松树的好医生。

◑ 松枝

百科加油站

人们从松脂中提炼出松香和松节油。演奏胡琴的时候，用松香块抹抹弦子，既能保护乐器又使声音润泽；打球时不慎伤了肌肉，医生就会给你抹些松节油，帮助血脉疏通。

◑ 松树

为什么看不见松树开花

其实松树也开花，只是松树开花很少，没有花瓣，又不香，所以不容易被人注意罢了。如果你仔细观察就会发现，在新枝的基部长着许多淡黄色小球似的花，用手轻轻一动就会飘散出许多黄色烟雾似的花粉。

松树的花分雌球花和雄球花两种。雌球花授粉后就能长成小小的球果，到第二年春天继续生长。等到人们注意到它时，它们已经长成核桃大小的松球了。

为什么松柏树也叫常绿树

松柏的生活环境都比较严酷,长在几乎终年严冬的高山和偏远的北方。在那里,它们得到的阳光很少,因此它们必须把自己变成捕光高手。为了达到捕捉阳光的目的,这些树木持续不断地生产着叶绿素,通过光合作用把太阳能转化为化学能,从而保障自己的生存和生长。这就是松柏树为什么会保持终年常绿的原因。

巴西木和巴西有什么关系

人们常常说的叫做"巴西木"的室内盆栽,其实并不是真正的巴西木,而是一种同样来自南美洲的奇木——巴西铁柱。巴西铁柱的真名叫做"水木",是龙舌兰科常绿乔木或灌木。在美洲和非洲有赠友人巴西铁柱茎段的习俗,用来表示美好的祝福。

而作为巴西国树的巴西木,是驰名世界的名贵木材,巴西的国名就是因它而来。巴西木一般都有30多米高,树干为暗红色,枝繁叶茂,四季常绿。它生长缓慢,30年以上才能成材。

黄山松为什么那么奇特

凡是游过黄山的人,都会对那里的松树留下深刻的印象。黄山松针叶粗短,干曲枝虬,千姿百态。"无树非松,无石不松,无松不奇"。

黄山松长得千奇百怪是那里的环境造成的。黄山上大多是裸露的岩石,在水分和养料都十分稀缺的地方,黄山松不得不长得盘根错节,把企图溜走的雨水拦住;而树干长得矮小点,叶子变得粗短一些,在叶面上增加一层厚厚的蜡质,则可以减少水分的蒸发。

○ 黄山松

🔲 青檀树为什么堪称中华瑰宝

在皖南山区山谷的溪流两岸，随处可见萌发的青檀，它们像一群亭亭玉立的"秀女"。金秋时节，青檀叶儿变黄，丛林尽染，把满山遍野化为黄色的海洋，间杂其他树木，迷彩斑斑地点缀着波头浪尖，林海叠浪，波澜壮阔。

青檀又名檀皮、青藤，是我国的特产。人们称青檀为中华瑰宝，贵在其皮。自唐初以来，我国就利用青檀皮做宣纸的主要原料。用青檀做成的宣纸具有绵韧、洁白、纹理美观、不蛀不腐、搓折无损、久不变色、润墨性强等特点，能保存千年而完好如新。除此之外，青檀的木材坚实、致密、韧性强，还能用于家具、农具、绘图板等细木工用材，是一种用途广泛的用材树种。

❶ 木棉花

🔲 为什么木棉树被称为英雄树

木棉树是亚热带地区生长的一种落叶树，它喜欢干热的环境，一般散生在林边路旁或溪边的低洼地上。

木棉树枝干挺拔，树身有30多米高，它们总是使劲往上长，不被其他树木所遮掩。木棉树是先开花后长叶，每年的3月到4月，枝条上都会攀满红艳艳的花儿，花朵的形状像茶杯一样，仅仅一棵树上就有几百朵，远远看去，就像点燃了无数把火炬一样，格外美丽。木棉树长得伟岸挺拔，木棉花又鲜红耀眼，表现出英雄豪迈的气概，因此，人们又把木棉树称为英雄树。

❶ 木棉树

> **百科加油站**
>
> 木棉的棉毛比棉花短，它的质量很轻，弹性大，柔软，可以用来装枕头、垫褥等。更重要的是木棉的棉毛浮力大，不怕水，晒干又恢复原状，因此在航海上都用它来做救生器的材料。

法国梧桐为什么是"行道树之王"

法国梧桐又叫悬铃木，由于它能适应各种土壤条件，耐干旱瘠薄，又耐水湿，适合城市条件下栽植利用，因而成为举世公认的优美行道树和庭荫树。法国梧桐在世界各地备受欢迎，久享"行道树之王"的美名。

盛夏酷暑，法国梧桐浓郁的树冠就像遮阳伞一般挡住了骄阳，蒸发水分，降温祛暑，使环境变得阴凉雅静，减少行人的炎热之苦。法国梧桐不仅是优良的行道树，同时也是净化空气、阻隔噪声的理想树种。它的叶子较大，背面多毛，可以阻滞粉尘和噪声，对于二氧化硫等有害气体也有较强的吸收能力。

◯ 法国梧桐

什么树比钢还硬

木头比钢铁还硬？听起来似乎不可能。但是，在神奇的自然界中，确实存在这样一种比钢铁还硬的树木。这种树叫做铁桦树，子弹打到这种木头上，就像打在厚铁板上似的，纹丝不动！把铁桦树放到水里，它会像铅似的，立刻沉入水底。由于铁桦木纹理致密，防水性能非常好，所以有些时候它可以做钢材的替代品，用于国防工业。

除了铁桦树，还有很多树木的木材也很坚硬，这样的木材称做硬木。硬木类树种很多，日常生活中很多的家具都是用这些硬木做成的，因为它们具有性能好、寿命长等特点。

火

❶ 梓柯树

梓柯树为什么会灭火

在非洲的安哥拉,长着一种高20多米、四季常绿的梓柯树,人们称它为天然的消防树。如果有人坐在梓柯树下点火抽烟,或者点燃一堆篝火,树上就会立即喷射出大量的汁液,把火灭掉。这是为什么呢?

原来,在梓柯树浓密的树杈间藏有一只只像馒头那么大的节苞,它并不是果实,而是"自卫"的武器,在它的外表有无数网状小孔,里面装满透明的液体。节苞怕见阳光,一旦被太阳光或火光照到,里面的液体就会从网眼小孔里喷射出来。由于液体中含有灭火的物质四氯化碳,火焰碰上它,就很快熄灭了。当地居民用这种树的木材盖房屋,还能防火。

洗衣树为什么能洗净衣服

位于地中海南岸的阿尔及利亚有一种能洗衣服的树,名叫"普当"。普当树枝粗叶阔,浑身红色,远看犹如涂满红漆的柱子,十分雄伟。普当的树皮上长着许多细孔,会分泌出一种黄色的汁液。这种汁液是一种优质的洗涤剂,有良好的除脂去污能力。

阿尔及利亚暑热冬暖,树叶的蒸腾作用极大,为了补偿失去的水分,树根必须从土壤中吸取大量含碱的水分,这给它的生理活动带来了极大的危害。为了适应这一环境,它不得不在自己的身上形成许多奇特的细孔,专供排碱用。人们只要把衣物捆在树上,几小时后用清水轻轻漂洗一下,衣物就干净了。

漆树为什么会"咬人"呢

　　生漆是漆树上分泌的一种乳白色胶状物质。在漆树的树干里,有许多小管道,里面充满了内含物,如果把树皮割开,就有乳白色的汁液从漆树液道里流出来,流出来的漆液与空气接触后起氧化作用,表面逐渐变为栗褐色,最后变为黑色,同时也变得黏稠起来。漆液里含有一种重要的化合物叫漆酚。漆酚含量越多,漆就越好。

　　生漆有毒,含有强烈的漆酸,沾在皮肤上,容易引起人的皮肤过敏或中毒,又痛又痒,因此被人误认为"咬人"。

> **百科加油站**
>
> 　　漆有个怪脾气,就是它需要在湿润的空气中干燥和硬化,而不是干燥的空气,同时也不能用加热的办法来使它加速干燥和硬化,这是氧化作用的缘故。

◐ 漆树

奠柏树为什么能"吃人"

　　在印度尼西亚爪哇岛上生长着一种叫"奠柏"的树,据说它居然能吃人!奠柏树高八九米,长着很多长长的枝条。平时,这些枝条是任意舒展着的,一旦有人不小心碰到它们,树上所有的枝条就会像魔爪似的向同一个方向伸过来,把人卷住,而且越缠越紧。同时,奠柏的树枝还能分泌出一种黏性很强的胶汁,把"猎物"慢慢地"消化"掉。有许多科学家对这种植物的存在表示怀疑。不过也有一些学者认为,虽然目前还缺乏足够的证据,但并不能完全否定它的存在。奠柏到底能不能吃人?还有待于人们进一步的证实。

米树真的能产大米吗

众所周知，我们平常所吃的大米产自水稻，然而，世界上却还有一种能产"大米"的大树，这种树叫西谷椰子，它与棕榈树同属于棕榈科的植物，由于它能出"大米"，因此，人们常称之为米树。米树生长在赤道两侧南北纬度 10° 之间的亚洲及太平洋热带地区，主要分布于马来半岛、印尼诸岛和巴布亚新几内亚等地。米树的树干挺直，叶子很长，有 3～6 米，终年常绿。这种树木长得很快，10 年就可长成 10～20 米高的大树。但是它的寿命很短，只有 10～20 年。米树的开花习性也非常特殊，一生之中只能开一次花，而且开花后不到几个月就枯死了。

🔊 制作"西米"

米树的树皮内全是淀粉，开花之前，树干内的淀粉最为丰富，达到了一生中淀粉贮存量的最高峰。令人奇怪的是，一棵大树中积存了一生的几百千克淀粉，竟在开花后的很短时期内消失得一干二净，枯死后的米树只留下了一根空空的树干。为了及时地收获大自然赐给人类的淀粉，当地居民未等米树开花就把它砍倒，刮取树干内所积累的淀粉。自古以来，米树的淀粉一直是当地土著居民的重要食粮。他们把刮到的淀粉放在桶中，加水搅拌成米汤，待澄清后倒去上层清水，取出淀粉使其干燥，然后再经加工，变成一粒一粒的"大米"，这就是俗称的"西米"。用西米做饭，喷香可口。目前世界上仍有几百万人还依靠米树生产的"大米"来维持生活。

🔊 西谷椰子树

为什么笑树会发出"笑声"

基加利是非洲东部国家卢旺达的首都,在这座城市的一个植物园里有一种会发出"哈!哈!"笑声的树。初到植物园的人往往被这笑声所戏弄,对此迷惑不解,听到"哈!哈!"笑声却看不到发出声的人。原来笑声是树发出来的,当地人称这种树叫笑树。笑树是一种小乔木,能长到七八米高,树干深褐色,叶子椭圆形。每个枝杈间长有一个皮果,形状像铃铛。皮果内生有许多小滚珠似的皮蕊,能在果皮里滚动。皮果的壳上长了许多斑点般的小孔,每当微风吹来,皮蕊在里面滚动,就会发出"哈!哈!"的声响,很像人的笑声。笑树这种会"笑"的功能,被人们巧妙地利用起来,把它种植在田边,鸟儿飞来的时候,听到阵阵"笑声",以为是人来了,不敢降落,从而保护了农作物不受损害。

百科加油站

有趣的是,在阿拉伯国家的一些地方,生长着另一种可以发笑的树。它在白天"笑",晚上"哭",能发出不同的声响。植物学家经过研究后,认为这一奇妙的现象与阳光的照射有着密切的关系。

合欢树为什么能招来蝴蝶

合欢树又称绒花树、芙蓉树,每年春末夏初,它就会开出像蝴蝶一样的花,花很香,引来蝴蝶。它的树叶上分泌的黏液是蝴蝶爱吃的东西。所以,每当合欢花盛开的时候,彩蝶就纷纷飞来,聚集在树上。合欢树不仅花开得美,它的用途也很大。木材可做家具、枕木。树皮和花可作安神、活血的中药。同时,合欢树由于树形优美,还常常用作绿荫树、行道树,或栽植于庭园水池畔以美化环境。

○ 合欢树

豚草为什么被称为"植物杀手"

豚草也叫"艾叶破布草",原产于北美洲,是一种适应力极强、生长旺盛的杂草。豚草的个头很高,可以长到1米多高。它们在每年7～8月开花。豚草的繁殖能力很强,一棵豚草一年可生7万～10万枚种子,种子具有30～40年的寿命,而且生命力特别强,即使在贫瘠干旱的土地也能生长。豚草的破坏性在于它会遮盖和压抑其他植物,造成生态系统的破坏。而且它们的花会放出黄色雾状花粉,这些花粉会引发干草热和其他呼吸道疾病。因此,豚草被称为"植物杀手"。

❂豚草

针茅的果实颖果为什么会给羊群带来危害

针茅是禾本科家族中比较有特色的一员,当它的果实(即果皮与种皮愈合在一起的颖果)颖果落在地上时,"播种"的工作就开始了,这是为什么呢?因为在针茅颖果上面长有一根柔软的长芒,用来缠住杂草,芒下是干燥时螺旋卷曲的芒柱;针茅的颖果下端尖细如针,并密生倒毛。芒柱受潮时伸长,螺旋松开,将颖果带向土中;而在干燥时,芒柱缩短,螺旋收紧,由于颖果底部倒毛的作用,使颖果不能后退,只能把它一点点拉向土中。随着草原空气湿度不停变化,芒柱也不停地向同一方向转动,直到将颖果"送"入土中,这为物种繁殖创造了有利条件。

然而,就是针茅颖果的这种特性,会给羊群带来危害。当颖果落在羊身上时,由于羊一天要经过几次干湿变化,因此带尖的颖果很快刺破羊皮进入体内,危害羊群。许多针茅类植物都有这一特点。

> **百科加油站**
> 针茅在工业上是上等的造纸原料,还可作编织品。针茅多生于干旱草原或石砾的山坡,分布在欧洲、中亚、西伯利亚及我国新疆、内蒙古等地。

蚁栖树为什么和蚂蚁相依为命

蚁栖树是一种生活在南美洲原始森林中的植物，它和蚂蚁是动植物相依为命的典范。蚁栖树长得又高又大，一片片叶子像一个个巨大的手掌，很像蓖麻的叶片。在森林中还经常能见到一种蚂

🔘 蚁栖树干中空有节

蚁——啮叶蚁，特别爱啃吃植物的叶片，它们常常成群结队对树木大举进犯，把树上的叶子啃得精光，最后导致树木枯死。然而它们对蚁栖树却无可奈何。为什么呢？

因为另外有一种叫益蚁的蚂蚁是蚁栖树的好朋友。平时，益蚁住在空心的蚁栖树茎内，一旦啮叶蚁前来偷吃叶子，益蚁就全部出动，群起而攻之，直到把入侵者赶走为止。当然，益蚁如此卖力地保卫蚁栖树，自己也能得到不少好处。在蚁栖树的叶柄基部有一丛细毛，里面会长出小小的蛋形物，蛋形物含有丰富的蛋白质和脂肪，是益蚁最爱吃的东西，而且这种物质永远都吃不完，旧的吃完了，新的又会长出来，成为益蚁取不尽、吃不完的营养食品。因此，当别的生物来咬食蚁栖树的叶片时，益蚁会奋起抗击这些入侵者。就这样，蚁栖树为益蚁提供美味食品，而益蚁则充当蚁栖树忠实的卫士。它们互惠互利，组成了一个有趣的"蚁树联盟"。

🔘 蚁栖树

植物之间有哪些"相生相克"的现象

和动物一样，植物之间既有"相生"的朋友，又有"相克"的敌人。

玉米和大豆就是一对好朋友，大豆的根瘤菌相当于一个氮肥厂，可以把空气中的氮固定在土壤中，随时给玉米提供氮肥，使它苗壮成长。杨树是苹果树和梨树的好朋友，杨树不但可以促进果树的生长，还能增强果树的耐寒能力。如果把大蒜和棉花间种，大蒜所挥发出来的植物杀菌素，能驱除棉蚜，有利于棉花生长发育。洋葱和小麦或豌豆种在一起，洋葱的分泌物可除杀小麦黑穗病和豌豆黑斑病的病菌，从而使它们都能获得丰收。由于韭菜具有一种特殊的怪味，能够驱虫杀菌，所以它能与很多植物混种，并获得丰收。

◐ 丁香花

但是，植物之间也有不能和平相处的。如果把玫瑰和木樨草插在一个花瓶里，木樨草很快就会枯死，而枯死的木樨草枝叶又附在水中分泌毒液，把玫瑰花置于死地。西红柿和黄瓜都是夏天常见的蔬菜，但如果把它们种在一起，两种都会减产。榆树的分泌物对葡萄树的生长具有抑制作用，凡是榆树根扎到的地方，葡萄树就会减产或不结果，甚至慢慢枯死。在苹果园里，如果间种苜蓿或燕麦，则苹果幼苗的生长将会受到抑制。梨树和柏树栽在一起，梨树就长不好，而且容易得锈病，严重时还会落叶、落果。如果把芥菜和蓖麻种在一起，蓖麻下边的叶子会大量枯死，而且蓖麻籽也结得少。在森林里，如果栎树旁生长着一棵榆树，栎树的枝条就会背向榆树弯曲生长。花卉中的矢车菊和雏菊，如果种在一起，这两种植物的叶片就会萎靡，花容憔悴。

植物之间的相生相克的关系是自然选择中的规律性表现，摸清它们之间的奥秘，对于发展农业生产、合理分布植物、保护环境卫生等方面都有极为重要的意义。

◐ 洋葱

◎ 猪笼草

 猪笼草为什么能 "吃虫"

猪笼草的叶子很奇特，长得就像一个精巧的小瓶子。这些"小瓶子"颜色鲜艳，边缘多呈猩红、褐红或紫色，上面还带有奶白色或鲜黄色条纹。"小瓶子"的内缘细胞能渗出香甜的汁液。艳丽的颜色和香甜的蜜汁不断地吸引着小昆虫往里面钻。不过，瓶子里面滑溜溜的，虫子一不小心就会滑到瓶底，掉进黏糊糊的消化液里。这样，小昆虫就别想逃走了，过不了多久，它就会成为猪笼草的美餐。

🔄 百科加油站

毛毡苔也是一类非常著名的食虫植物，它们的种类很多，全世界共有90多种。它们利用叶片上众多细毛分泌出带黏性和甜香味的黏液，粘住落在上面的蚂蚁或蝇类，然后卷起叶片，捕捉并消化这些误入魔掌的食物。

🔲 为什么说瓶子草是著名的食虫植物之一

瓶子草原产加拿大南部以及美国东海岸地区，在它的捕虫器瓶口附近有许多蜜腺，能分泌出含有果糖的汁液。但这可不是美食，而是危险的毒酒，里边含有毒物。昆虫食用这种毒液后，会神志不清，甚至死亡。同样具有毒液的猪笼草还会手下留情，蜜汁的毒性较低，前来取食的昆虫大多能安然无事，只有最不小心或最贪食者才会掉入瓶中。相比之下，瓶子草就危险多了，其蜜汁通常会直接导致昆虫中毒死亡而跌落瓶内。

◎ 瓶子草

捕蝇草是怎样捕食昆虫的

食虫植物的叶片非常奇特而有趣,有的像瓶子,有的像囊袋,还有的像蚌壳……各种奇形怪状的叶子,是它们捕捉昆虫的有效"装置"。不同的食虫植物其捕食昆虫的方式也不一样。瓶子草和猪笼草设陷阱捕虫,是一种消极等待的被动方法;而捕蝇草则是采用积极主动的方法捕虫,因此最为惹人注意,也显得更加有趣。

捕蝇草是多年生宿根植物,茎很短,叶轮生。叶子的构造很奇特,在靠近茎的部分有羽状叶脉,呈绿色,可进行光合作用;但到了叶端就长成肉质的,并以中肋为界分为左右两半,其形状呈月牙形,可像贝壳一样随意开合,这就是它的"诱捕器",就像一个夹子。"夹子"的外缘长满了刺状的毛,很像一排锐利的牙齿。当昆虫飞来或是小爬虫爬到夹子边缘上,碰到上面的毛时,夹子就会迅速合拢,"夹子"两端的刺毛正好交错,形成笼状,这样,昆虫就无法逃走了。"夹子"的内侧呈红色,上面布满了微小的红点,这些红点是捕蝇草的消化腺。"夹子"的内侧一般还有三对细毛,它们是捕蝇草的感觉毛,用来侦测昆虫是否走到适合捕捉的位置。捕蝇草从捕捉昆虫开始,直到把昆虫消化,这个过程可能需要几个星期。

食虫植物中,捕蝇草是人们最熟悉和科学家研究最多的一种植物。早在一百多年前,达尔文就曾精心研究过食虫植物,他特别喜欢捕蝇草,并称它为"世界上最奇妙的一种植物"。

● 捕蝇草

为什么有些植物有毒

植物在为生存进行的长期不懈的斗争中，形成了各种各样保护自己、防御动物伤害的方法。毒素是植物最有效的防御武器。当植物受到动物的伤害时，毒素会使动物同样受到致命的伤害。因吃了某种植物而死去的动物，对其他动物来说是最好的警告，它们会倍加小心，以防中毒。

⚓水仙

蝎子草为什么会"蜇人"

在自然界中，蜇人不仅仅是动物的专利，某些植物也会蜇人，蝎子草就是其中的一种。蝎子草又名荨麻，喜欢生长在潮湿的山坡上和小溪边。它高约1米，全身长满了毒刺，虽然从外表上看不出任何危险，但如果你不小心碰到了它的叶片和茎秆，那只有自认倒霉了。它毒刺上的毒液会透过皮肤侵入人体，使被触处立即出现如电击、火烧一般的疼痛，还会发痒。这种难忍的疼痛持续很长的时间，一两天后才会痊愈。

猪、马、牛等动物触及过该草后，是绝不敢再碰第二次的。老鼠见到此草，必定掉头转向，逃之夭夭，因此该草又有"植物猫"之称。将它栽于果园、菜园和苗圃四周，防护效果妙不可言。

> **百科加油站**
>
> 蝎子草虽然有毒，但它可以以毒攻毒，用来治疗毒蛇的咬伤。你只要小心地将它的叶片捣烂，并敷在伤口上就可以了。

箭毒木为什么又叫"见血封喉"

箭毒木生长在我国云南西双版纳的热带雨林里,可谓世界上最毒的树。箭毒木的根、茎、叶、花、果里都含有白色的剧毒乳汁。如用浸有这种毒汁的箭射中野兽,几秒钟之内野兽的血液就会凝固,心脏停止跳动。毒汁一旦触及人和动物皮肤上的伤口,也会导致人和动物死亡。因此,人们称箭毒木为"见血封喉",意思是毒性很强,很快就会致人死亡。

罂粟为什么被称为"有毒植物之王"

罂粟是一种花朵十分艳丽的草本植物。即使人们一次吃下整株罂粟,也不会命归西天,但在世界上已知的成千上万种有毒植物中,它的名气却最大。原因是罂粟未成熟果实的果皮内,含有一种与众不同的乳汁,当它暴露在空气中后,很快就

○ 罂粟

变黑、凝固,形成大名鼎鼎的鸦片。鸦片从古希腊时起,就是一种效果十分明显的镇痛麻醉药,并为许多在战争中受伤的士兵解除了痛苦。但由于金钱的诱惑,一些人开始利用服用鸦片时带来的暂时快感和较强的成瘾性,推销非医疗用途的鸦片制品,使服用者深受其害。随着鸦片的滥用,罂粟这种原本有益的植物也逐渐成了人类的公敌。而用它作原料制成的毒品——海洛因,终于把罂粟推上了"有毒植物之王"的死亡宝座。

秘鲁国旗上为什么有金鸡纳树

秘鲁是南美洲国家，在其国旗上，我们可以看到一棵树的形象，它就是大名鼎鼎的金鸡纳树，又称鸡纳树、奎宁树，是天下闻名的治疗疟疾特效药的产药原材。金鸡纳树是秘鲁的国树，可见在秘鲁人民的心目中，金鸡纳树占有极其重要的地位。为什么秘鲁人民如此热爱金鸡纳树呢？

许多世纪以前，当疟疾疯狂地夺去了世界上亿万人的生命时，很多热带国家人民都把此树当作"神"一样看待。早在欧洲人来到秘鲁以前，秘鲁的印第安人已经知道金鸡纳树皮有十分灵验的治疟疾疗效。而欧洲人是从17世纪才知道的。据说在1638年，当时的西班牙驻秘鲁的总督夫人感染了疟疾病，久医无效。后来，她的侍从发现当地印第安人不生疟疾是因平时爱嚼金鸡纳树皮。她就用金鸡纳树皮煮水给总督夫人治疗，果然药到病除。此后，金鸡纳树皮治疗疟疾的佳音一传十、十传百，风靡全球。后来，秘鲁人民为了纪念金鸡纳树，将其形象设计在了国旗上。

> **百科加油站**
>
> 从金鸡纳树中提取的奎宁，除对治疗疟疾具有特效外，还可作局部麻醉剂、静脉肿的硬化剂，亦可作为健胃和病后的补药，以及治疗各种神经痛。

樱花为什么是日本的国花

在日本有一民谚"樱花7日"，就是说一朵樱花从开放到凋谢大约为7天，整棵樱花树从开花到全谢大约为16天，形成樱花边开边落的特点。也正是这一特点才使樱花有这么大的魅力，被尊为国花。日本人喜欢樱花，不仅是因为它的妖媚娇艳，更重要的是它经历短暂的灿烂后随即凋谢的"壮烈"，不污不染，轻盈洒脱，这恰恰是日本人民崇尚的精神象征。

◗ 日本的国花——樱花

？枫树为什么被视为加拿大的国树

北美洲国家加拿大有"枫叶之国"的美誉，其国旗常被通俗地称为"枫叶旗"，因为其白色背景中央绘有一片11个角的红色枫叶。加拿大国徽也是三片红枫的盾形纹章。加拿大人对枫树有强烈的依恋之情，枫叶图案随处可见。在加拿大共有近百种枫树，其中最有名的莫过于糖槭树了，枫糖浆就采自这个树种。这种糖槭树只生长在北美洲的中部和东北部，加拿大得天独厚的地理位置，使得各式各样的枫糖浆产品成为加拿大独特的旅游纪念品。

每年3月间，是加拿大一年一度的"枫糖节"，全国数千个枫林里都张灯结彩，喜气洋洋。长期以来，加拿大人民对枫叶有着深厚的感情，国徽中有枫叶，国旗中有枫叶，国树也定为枫树。

◎秋季的枫树

？糖槭树为什么会产糖

糖槭树是落叶大乔木，树干里含有丰富的淀粉，这些淀粉在冬天低温下就会转变为糖，这些糖储存在木质部的树液里，到了春天，气温转暖，树液开始流动，糖就会转变成甜美的树液。这些甜甜的树液非常容易得到，只要在树干上钻一个洞，就会有树液

◎枫叶

从洞里源源不断地流出来。糖槭树的产糖量也特别大，糖槭树树液的含糖量一般是0.5% ~ 7%，每棵树可采集100多千克树液，熬制出纯糖2 ~ 5千克，而且每棵树可连续产糖50年，有的可达百年以上。

百科加油站

枫糖的营养价值很高，含有丰富的矿物质、有机酸，热量比蔗糖、果糖、玉米糖都低，钙、镁和有机酸成分却比其他糖类都高很多，具有润肺、开胃的功效，而且能为体质虚弱的人补充营养。

？为什么说桉树是大自然赐给澳大利亚的礼物

大蓝山地区是澳大利亚一处著名的旅游胜地，因为这里终年飘着蓝色的雾气而得名。这种特殊的景色是因为此处满山遍野都是桉树林，桉树分泌的油在太阳光的照射下会蒸发，蒸发时产生的雾气则会反射出特殊的青蓝色彩，因而让整个蓝山像是笼罩在一层淡淡的蓝雾之中。许多旅游者并不知道，在澳大利亚郁郁葱葱的森林中，90%是桉树。

在澳大利亚这块大陆上，为了生存，桉树在长期的进化过程中形成了许多独特的生长特点：为了避开灼热的阳光，减少水分蒸发，桉树的叶子都是下垂并侧面向阳；为了对付频繁的森林火灾，桉树的营养输送管道都深藏在木质层的深部，种子也包在厚厚的木质外壳里，一场大火过后，只要树干的木心没有被烧干，雨季一到，又会生机勃勃。桉树种子不仅不怕火，而且还借助大火把它的木质外壳烤裂，便于生根发芽。

当地土著人把桉树当储水罐，有一种桉树的树干是空的，不少树干里面充盈了可以饮用的水。桉树的花呈缨状，为粉红色。以桉树花为食的蜜蜂产蜜量很高，蜂农可以从一个蜂箱里抽出近 20 千克的蜂蜜。一些桉树的叶子含桉树脑，是制药的重要材料，还可以作为添加剂做水果糖。可以说，没有桉树，就没有澳大利亚。桉树是大自然赠予澳大利亚最珍贵的礼物。

🔊高大笔直的桉树

天然橡胶都产自橡胶树吗

我们的生活中有许多橡胶制品,它们其中一部分的原料就是天然橡胶,另一部分则是人工合成的合成橡胶。橡胶树分泌的乳胶是重要的工业原料。在所有的产胶植物中,橡胶树的产量是最高的,质量也是最好的。现在世界上所用的天然橡胶,大都来自橡胶树。不过橡胶树是一种对管理技术要求很高的热带作物,不但栽培管理严格,而且在割胶的时候也有严格的制度。最令人奇怪的是,割胶的时间要选择早晨。为什么呢?清晨是一天中温度最低和湿度最大的时候,橡胶树经过一晚上的休整,蒸腾作用处于最低状态,体内水分饱满,细胞的膨压作用是一天中最大的,因此,清晨割胶产量最高。到了9点以后,橡胶树光合作用开始了,气孔开放,蒸腾作用逐步增强,到中午左右,这种压力更小,因此,清晨以后割胶的产量也就降低了。

C 橡胶树

什么树会"冒油"

油棕原产于非洲西部的热带雨林,其果实和果仁含有丰富的油脂。但直到20世纪初,人们才发现它是"绿色油库"。油棕的果实呈穗状,每个大穗结2000多个球形小果。最大的果实重达20千克,果肉、果仁可达15千克,含油率在60%左右。油棕是世界上单位面积产量最高的一种木本油料植物。用油棕的果实榨出来的油叫做棕油,用果仁榨出的油叫做仁油,它们都是优质的食用油。油棕比椰子的产油量高2~3倍,比花生的产油量高7~8倍,比大豆的产油量高9倍。因此,油棕被称为"世界油王"。

猴面包树是什么样的树

　　猴面包树是非洲草原上独特的风景，它原名"波巴布树"，在树的家族中，它长得并不算高，只有十几米，但"腰围"却可达15米以上，要十几个人手拉着手才能把它围一圈。每当旱季来临，猴面包树为减少水分的蒸发会落光全身的树叶，以适应干旱的环境。一旦雨季来到，它又会依靠松软的木质拼命地吸水。曾经有人测算，一棵猴面包树一次能贮存450千克水，简直就像荒原中的贮水塔。当它胖胖的身体吸饱水以后，就能开出大朵的白花，而后结出长指形的果实。这种果实甘甜多汁，是猴子、猩猩、大象等动物最喜欢的食物。当它的果实成熟时，猴子就成群结队而来，爬上树去摘果子吃，"猴面包树"的称呼由此而来。由于猴面包树具有强大的储水功能，因此被视作草原上旅行者的"生命树"。

　　猴面包树的果实、叶子以及树皮都可以入药，有养胃利胆、清热消肿、止血止泻的功效，其中树叶和果实的浆液至今还是当地常用的消炎药物。猴面包树还是有名的长寿树，即使在热带草原那种干旱的恶劣环境中，其寿命仍可达5000年左右。

> **百科加油站**
>
> 　　关于猴面包树还有一个古老的传说：当猴面包树在非洲"安家落户"时，由于不听"上帝"的安排，自己选择了热带草原，因而愤怒的"上帝"将它连根拔了起来，从此猴面包树就倒立在地上，变成了一种奇特的"倒栽树"。

❀猴面包树

草原上只有草没有树吗

一提到草原，首先想到的就是一片茂密翠绿的草，而很少想到高大的树木，难道草原上就没有树吗？其实不是，草原是一个以草为主的生态系统，其中也夹杂着树木，只是由于草原的环境不适宜树木的生长，树木比较稀少而已。草原是森林和沙漠的过渡，在靠近森林的部分，气候湿润，水分较大，不只草类长势繁盛，也生长着较多的树木；但是，在靠近沙漠的部分，气候干旱，空气湿度明显降低，不但树木极少，连草类也很少，低矮稀疏，物种相对很单一。根据草原的分布，可以把草原分成热带草原和温带草原。热带草原纬度低，雨量充沛，温度较高，但是一年中有旱季和湿季之分，在那儿大多生长的是高大的草本植物，零星地分布着一些乔木，这些乔木个头矮小，树冠呈伞状或是扁平状，所以热带草原也被称为稀树草原。而温带草原多分布在中纬度，冬季和夏季温度差异明显，冬季寒冷，夏季温暖，伴随夏季同时到达的却是旱季。在这种温度不高、降雨量较少的地带，生长的多是耐旱的草本植物。

⊙ 非洲的热带草原上稀疏的树木

为什么呼伦贝尔大草原有"牧草王国"之称

呼伦贝尔草原位于内蒙古自治区东部，北、西与俄罗斯、蒙古国毗邻，东、南与我国黑龙江和内蒙古兴安盟接壤。因其旁边有呼伦湖和贝尔湖而得名。呼伦贝尔草原地势东高西低，海拔650～700米，总面积约9.3万平方千米，天然草场面积占80%，是世界著名的三大草原之一。呼伦贝尔草原是我国目前保存最完好的草原，生长着碱草、苜蓿、冰草等120多种营养丰富的牧草，所以，呼伦贝尔草原有"牧草王国"之称。

> **百科加油站**
>
> 呼伦贝尔草原上，水草丰美，河流纵横，大小湖泊星罗棋布，而且地势平坦，特别适合放牧，著名的三河马和三河牛都是在这里培育成的。

❓ 墙上的小草是谁种的

墙上的小草并不是人们种的，而是风、小猫、小鸟帮助种下的。头一年秋天，小草的籽儿成熟了，让风一吹，轻轻的草籽儿就被刮落在墙头上；有时候，小猫路过草地，身上也能带着一些草籽儿，小猫爬到墙头上玩，把草籽儿带到墙上；还有的时候，小鸟把吃的草籽又排泄了出来，正好落在墙头上。这些落在墙头上的草籽儿，到第二年春天就会长出小草。

➡ 小鸟可以帮助植物传播种子

❓ 运动场上的草皮为什么不怕踩

运动场上铺的草皮，一般都是选择根系发达、生长快、茎节着地就能生根的草种。常用的草有结缕草、狗牙根等，这些草不怕踩，不怕压。当然，它们不怕踩是和其他的植物比较来说的，要是随便践踏，它们也会枯萎死亡。为了让草皮长得好，也要浇水、施肥；运动场的草皮生长几年以后，还需要翻耕土壤，重新栽植。管理得好的草皮，总是绿油油的。

➡ 草坪

为什么除草要除根

因为斩草不除根,那草一定会再次发芽吐绿。植物的根虽然生长在地底下,但它却对植物有着相当重要的作用,那就是支撑和吸收,因此想除草必须先除根。草是庄稼的大敌。它盘踞在田地里,不断地侵占庄稼的地盘,掠夺养分和水分,争夺阳光,阻碍土地里的空气流通。杂草生命力顽强,不怕旱涝,挖断了又生根。它们种子数量非常惊人,靠风力、流水、鸟兽、人为等方式,不断地传播着。杂草危害庄稼的损失是十分惊人的,据统计,杂草每年造成的损失几乎占农业总产的10%左右。

ↆ野草

沙漠植物是如何生存的

沙漠地区气候干旱、高温、多风沙、土壤含盐量高,植物要有很强的适应能力,才能生存和生长。因此,沙漠里的植物与一般地区的植物相比较,在外表形态、内部结构以及生理作用等方面都不相同。

首先,多数的多年生沙生植物有强大的根系,以增加对沙土中水分的吸收。如灌木黄柳的株高一般仅2米左右,而主根可以钻到沙土里3.5米深,水平根可伸展到二 三十米以外,即使受风蚀露出一层水平根,也不至于造成全株枯死。其次,为了减少水分的消耗,减少蒸腾面积,许多植物的叶子缩得很小,或者变成棒状或刺状,甚至无叶,用嫩枝进行光合作用。梭梭就是无叶,由绿色枝条进行光合作用的,故称为"无叶树"。此外,许多沙生植物的枝干表面变成白色或灰白色。它们以此来抵抗夏天强烈的太阳光照射,免受沙面高温的炙灼,如沙拐枣。还有许多植物是含有高浓度盐分的多汁植物,可从盐度高的土壤中吸收水分以维持生活,如碱蓬、盐爪爪等。

ↆ沙漠植物

为什么称胡杨树为"沙漠英雄"

深入塔克拉玛干沙漠腹地,经常会见到突兀散布的胡杨树,或是成片的胡杨林。最大的胡杨需数人合抱才能围拢。处在生长期的胡杨林郁郁葱葱,向大漠播撒着春色,显示着生命无处不在的生机。在塔里木河流域,胡杨树被世居于此的维吾尔族人称为"英雄树",有"生而不死一千年,死而不倒一千年,倒而不朽一千年"的说法。在干旱少雨的沙漠地带,胡杨可将根扎进地下20多米,顽强地支撑起一片生命的绿洲。即使死去的胡杨,巨大的根系仍然死死地抓住脚下沙土,顽强地扎根在大漠之中。所以,胡杨树被称为"沙漠英雄"。

🔊 胡杨

沙棘为什么能拦沙

砒砂岩是一种由砂粒混合而成的岩石,多在高寒、极度缺水的地方存在。世界上除了沙棘之外没有任何植物可以在砒砂岩上生存、生长,这也正是沙棘的神奇之处。沙棘又名醋柳,其枝叶茂盛,根系发达,生长快,耐寒、耐旱、耐瘠薄,一旦扎下根来,就迅速向四周蔓延,覆盖整个地面,起到拦沙、保护土壤的作用。

百科加油站

人们形象地说:"沙棘枝叶繁茂,长在地上像把伞;它枯叶厚重,铺在地面像地毯;它根系发达,扎进土里像张网。"

为什么仙人掌有那么多的刺

仙人掌之所以能够在沙漠干旱的环境中旺盛地生长，是因为它有一套独特的对付干旱的办法。原来，仙人掌擅长用自己特殊的器官来储存水分，此外，它们还有发达的根，能够吸收很远地方的水。也许有人要问了，仙人掌没有叶子是靠什么来储存水分的呢？其实，不光是仙人掌，许多沙漠植物不长叶子，而是浑身长满了尖尖的刺，这些刺实际上就是退化的叶子。因为沙漠里太热了，阳光很厉害，如果植物的叶子又宽又大，水分很快就会被蒸发光了，而细刺状的叶子能让仙人掌尽量把水分留在体内，这样，它们便能在缺水的沙漠里生存下去了。

❶仙人掌

旅人蕉为什么被称为"旅行家树"

旅人蕉的树形非常奇特，它没有枝丫，没有碎叶，在修长而结实的树干顶端，长着长长的翠绿欲滴的阔叶。这些阔叶也不像一般树木那样向四周扩散，它们只是整齐地向两侧伸展，既像开屏的孔雀，又似展开的扇面，有人叫它"孔雀树""扇子树"。也有人叫它"旅行家树"，原因是，这种树最初生长在茫茫的沙漠上。当商旅和行人在满目黄沙、寸草不生的沙漠中艰难行进时，热沙炙烤，烈日曝晒，疲惫不堪，干渴难熬，来到这种树下，不但可借浓荫纳凉，小憩片刻，驱除疲劳，还可用刀在树干上划出一条口子，流出清凉可口的汁液可用来解渴。正因为这种树对人类有特殊的贡献，尤其是沙漠旅行者不可缺少的朋友，故被称为"旅行家树"。

❶旅人蕉

百科加油站

旅人蕉的适应能力很强，它既能生长在干燥贫瘠的不毛之地，也能繁殖在土质肥沃、气候相宜的闹市、乡村，于是被人们纷纷移植，如今它的子孙已遍布非洲各地以及世界很多地方。

为什么纺锤树被叫做"死不了"

在南美洲干旱的荒漠里,有一种落叶乔木叫纺锤树,因为其树干中部有一个十分膨大的地方,样子就像织布用的纺锤,因此得名。这种树在当地还有一个有趣的名字,叫"死不了"。在荒漠里,如果称为"死不了",那就说明它必然有强大的蓄水功能。的确是这样,纺锤树树干中部像纺锤一样的隆起,就是它的"蓄水池",长年累月会贮存大量的水,在任何干旱情况下它都能活下来。

○ 纺锤树

为什么很少有植物在盐碱地里生长

盐碱地是指土壤中含有较多的水溶性盐或碱性物质。大多数植物在盐碱地里面难以生存是因为土壤中盐分过多会使植物吸水困难,而且大量盐分进入植物体内会损害植物。然而,有些植物却可以在盐碱地里顽强地生活下来。这些植物可以分为聚盐植物、泌盐植物、拒盐植物。聚盐植物必须生活在盐分高的土壤,它们的生长需要大量的盐分,同时根部的吸水能力也相应增强。泌盐植物可以将盐分分泌出去,它们吸收了盐分,而由茎叶的表面把盐分排出去。拒盐植物则拒绝盐分,它们根部细胞对盐分的渗透性很小,虽然在盐碱的土壤中生长,但是几乎不吸收有害的盐分。

世界上哪种植物的抗盐碱性最强

植物的抗盐碱性都是在长时间对环境的适应中慢慢进化而来的，它们受到盐渍土壤的影响，新陈代谢起了变化，并在遗传上固定传给下一代。实验表明，即使不抗盐的植物连续几代栽种在盐碱地里，它们也会慢慢地适应环境，获得一定的抗盐能力。抗盐碱的植物其实是很多的。一般在盐分含量为 0.5% ~ 1% 的时候，棉花、苜蓿、西瓜、甜菜、芹菜、茄子、黄瓜、玉米、小麦、西红柿等都可以生长。但是在盐分含量超过了 1% 的土壤中，就只有少数抗盐碱性特别强的植物才能生存了。其中抗盐碱能力最强的要数盐角草了。盐角草生长在含盐量为 0.5% ~ 6.5% 的潮湿沼泽地中。这种植物没有叶子，茎的表面薄而且光滑，气孔外露。盐角草的细胞内聚集了大量的可溶性盐，以保证水分的吸收。

◐ 盐角草

为什么高山上的植物比较矮小

植物的生长状态与周围的环境有很大关系。首先，高山顶上紫外线比较强烈，而紫外线是抑止植物生长的，所以高山顶上的植物生长会受到很大的影响。其次，山顶海拔较高，海拔越高，气温越低，而低温也不利于植物长高。另外，高山上土壤较贫瘠，植物吸收不到充足的养分，也会影响生长发育。最后，高山上风特别大，为了不被风刮倒，植物的茎便会变短，这是植物对环境的适应。

◐ 高山上的树

为什么山上松树特别多

松树有顽强的生命力。它的根长得很深，能吸收贫瘠干旱土壤里的无机物，这样，它所必需的养料就能够得到保证，不至于"饿死"。又由于它的叶子是针形的，它的表面比一般的树叶子要小，这样就避免了水分的过度蒸腾，不至于"干死"。山上风力比较大，正由于松树的叶子是针形的，大风刮来时，阻力比较小，树就不至于被风刮倒。这就是松树能在荒山上生根发芽、越长越大、越长越多的原因。

百科加油站

黄山是我国名山之一，黄山"四绝"之一的奇松闻名遐迩。其中，最著名的莫过于黄山迎客松，其树龄至少已800年，一侧枝丫伸出，如人伸出臂膀欢迎远道而来的客人，雍容大度，姿态优美，是黄山的标志性景观。

↑ 不畏严寒的松树

为什么山越高植物越少

在地球上，由水里到陆地，直达5000多米的高山，都是植物的生存范围。越往高处走，植物的种类就越少。一般来说，在海拔3000米以下，植物种类最多；3000米以上，主要是些小灌木及草本植物；4000米以上，种类就很少了；5000米以上，只有极少数耐寒植物能够生长。为什么山越高植物就越少呢？科学家指出，海拔高度每上升100米，温度就要降低0.6℃，因此山越高，温度就越低。在冰天雪地、空气稀薄的环境里，一般植物无法生存，只有那些特别耐寒的植物才能适应。

为什么高山植物的花朵色彩艳丽

高山植物的花朵之所以特别艳丽,是由高山上的自然条件决定的。高山上空气稀薄,阳光比其他地方更强烈,太阳光中的紫外线辐射更强。在长期的自然选择中,只有那些颜色较艳丽的花才能有效地反射紫外线,适应这种高山气候条件。另外,颜色艳丽的鲜花在阳光下光彩夺目,比素淡颜色的花更能引起蜜蜂、蝴蝶等昆虫的注目,也更易吸引它们前来采花授粉,以延续后代。

🔾杜鹃

在海洋里面生活的藻类它们的个头有多大呢

陆地上的植物各种各样,个头也是大小不一,有的高达百米,有的仅仅几厘米,甚至更小。海洋在地球上占有的面积远远大过陆地,生活在海洋里面的植物在数目上超过了陆地上的植物,形态上也是千姿百态,大小也有很大的差异。

🔾巨藻

现在已经知道的海洋中的藻类大概有23000多种,如此众多的品种,它们之间的差异非常大。最大的海藻叫做昆布(其实就是海带),最长的可以达到300米左右,而最小的海藻就是那些单细胞的单胞藻,它们仅仅有5~25毫米。海藻不仅长度变化很大,而且它的外形也是千姿百态,有管状的、丝状的等等。海藻和人的生活关系非常密切。或许有人会说,我又不吃海藻,和我有什么关系,但是,我们要知道,空气中的氧气,有一半都是海藻通过光合作用释放出来的,由此可以看得出来,小小的海藻,作用是多么巨大了。

❓藻类植物有什么特征

藻类是地球上最早出现的植物。今天所看到的繁茂的树木、美丽的花卉都是由低等的藻类进化、发展而来的。藻类植物虽然结构简单，不会开花结果，甚至缺乏真正的根、茎、叶，但都能进行光合作用，是大气中氧气的重要来源。藻类的细胞内具有和高等植物一样的叶绿素、胡萝卜素、叶黄素，此外还含藻红素、藻褐素等其他色素。因此，不同种类的藻体呈现不同的颜色。根据颜色、形状、生殖方式等特征，现代学者把藻类大致分为8大类别，其中以绿藻、红藻和褐藻最为常见。

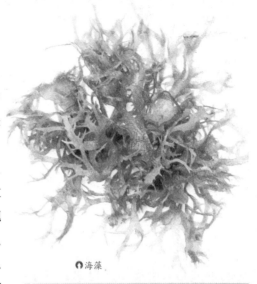

❍海藻

百科加油站

藻类植物的足迹遍布全世界，它们大多生活在水中，少数生活在潮湿的土壤、岩石壁和树皮等处。有些藻类还可生于积雪线以上。还有一些藻类与某些真菌、苔藓、蕨类以及裸子植物共生，甚至有极少数还和草履虫、海葵等动物共生。

❓为什么要多吃海藻类食品

海藻含有人体必需的蛋白质、脂肪、碳水化合物、多种维生素及矿物质。由于光合作用，海藻把海洋里的无机物转化为有机物，因此，在海藻内含有陆生蔬菜中没有的植物化合物。

海藻除了它的营养价值高之外，更重要的是它对人体健康十分有益，尤其是对现代的许多疾病有良好的防治作用。海藻的功能大致有：预防动脉硬化，防治甲状腺肿大，抗凝血，预防便秘，抗癌防癌，维持体内酸碱平衡等。海藻可以保护心血管系统，海藻具有降血压、降血脂的功能。绿藻礁膜中分离出的β-丙氨酸甜菜碱能降低血浆胆固醇的含量。

❍海藻沙拉

小球藻为什么会成为未来的宇航食物

在太空旅行的宇航员，宇宙飞船就是他唯一的活动天地。他要作长时间的太空旅行，就要携带体积小、重量轻、营养价值又要特别丰富的食品，还要解决呼吸新鲜空气的问题。长时间旅行不能携带大量的氧气，他呼出的二氧化碳也需尽快处理，即需要对宇宙飞船的舱内空气进行净化。这个问题如果由小球藻来解决，也许有希望。

小球藻是一种单细胞的藻类植物，它的个体很小很小，只有在显微镜下才能看清它的整个身体。它浑身发绿，属于绿藻。小球藻的分布极为广泛，从热带到温带，凡是有水的地方都可以找到它。小球藻的整个身体像个小小的圆球，直径仅3～5微米。由于它没有运动"器官"，只得悬浮在水中。

绿色的小球藻可以进行强烈的光合作用，它的光合效率超过陆生绿色植物的10倍。宇航员呼出的二氧化碳正好是小球藻进行光合作用的重要原料，而它在光合作用过程中放出的氧气正好能供给宇航员呼吸用。有人计算过，1克小球藻1天之内可以放出1～1.5克氧气。这样，如果把小球藻放在飞船的特殊装置中，它们就可以迅速繁殖，充当飞船舱内特殊的"空气净化器"，而且这种活的空气净化器可以循环使用。另外，再设法解决小球藻作为宇航员特殊需要而又能及时供应的食物问题，不就可以一举两得了吗？因此，小球藻最有希望成为未来的宇航食物。

ᴖ 小球藻

为什么海带不开花也能繁殖后代

海带与陆地开花植物不同,它属于低等植物,有着独特的繁殖方式。海带没有茎,也没有枝,只有长长的叶子。它不开花,因此并不是用种子来繁殖后代,而是用孢子来繁殖的。最初,海带叶在长大的过程中,会长出许多像口袋一样的孢子囊,囊里会长出许多孢子。海带长大成熟以后,孢子囊会自动破裂,孢子便从里面游出来。这些孢子依靠两条鞭毛在水里四处游动,当它游到海底岩石上后,就会安定下来,在新的地方长成一株新的海带。

⬤海带

百科加油站

海带属于褐藻类的一种,生长在海底的岩石上,形状像带子。海带也是一种常见的蔬菜,它的含碘量在所有食物中名列第一,号称"碘的仓库"。此外,海带还含有人体所需的多种氨基酸,具有很高的营养价值和药用价值。

水里的植物都是绿色的吗

水里的植物为了适应在水里的生活,它们和陆地上的植物大不相同,所以它们的颜色也就不会都是绿色的了。颜色变化最明显的体现在藻类上。藻类是地球上最早出现的植物,它们大多生活在水里,有的也生活在潮湿的地面、岩石、树皮等地方。藻类不仅含有叶绿素,还含有大量其他辅助色素,各种藻类的色素在比例上有差异,因此藻类植物呈现不同的颜色,如褐色、红色、绿色、黄色等。我们看到池塘、水池里面的水是绿色的,其实那并不是水的原因,水本身是无色透明的,让水变绿的"罪魁祸首"是绿藻。因为绿藻是绿色的,它们在水中大量繁殖,使得水看上去是绿色的。不止是水面的植物,有些陆地上的植物,如红苋菜、秋海棠的叶子,常常也是红色或者紫色的。这是因为它们叶子中的花青素比较多,遮盖了叶绿素,所以看起来是红色的了。

❓水生植物为什么不会被淹死

我们知道植物的生长离不开光合作用，而光合作用的进行则依赖于阳光和二氧化碳。生长在陆地上的植物可以自由地接触到明媚的阳光和充足的二氧化碳，那生活在水里的植物呢？它们也是依靠光合作用来制造自身所需的养料吗？是的，它们和陆地上的植物一样，也进行光合作用，只不过它们为了适应水里的生活，在形态和习惯上与陆地上的植物有很大的区别。

生活在水里的植物，有的漂浮在水面上，有的悬浮在水中，有的用根或假根固定于水下的某处，而身体则完全或者不完全地浸在水里，但是它们都是利用光合作用来为自己提供养料而生存的。许多水生植物常年生活在水里，它们的叶子变成了丝状，这样不仅增大了光照的面积，还可以让溶在水里的二氧化碳更好地进入到叶片中去，同时还能减少水对叶片的压力。

○荷花

水里的氧含量不足空气的1/20，为了得到更多的氧气，水生植物还有一个特性就是通气道特别多。例如莲，它的变态茎——藕中充满了气孔，而且荷叶的叶柄也是布满了通气道的，而气孔和通气道是相通的，这样叶柄就可以把空气通过气孔传给莲藕上了。

❓荷花为什么"出污泥而不染"

在我们中国人的心目中，荷花"出污泥而不染，濯清涟而不妖"，是高尚纯洁的象征。它虽从污泥中生长出来，却光洁美丽，从不沾染一点脏东西。这是为什么呢？原来，荷花和荷叶的表面都有一层像蜡一样的物质，而且有许多微小的突起，突起之间有空气。这样，当荷花的花芽和叶芽从污泥里钻出来时，由于表层有蜡质保护着，所以脏东西就很难附着上去。当水与其表面接触时，会因表面张力而形成水珠。这些水珠滚来滚去，又会把一些灰尘和杂物一起带走，达到清洁的效果，所以荷花能"出污泥而不染"。

○水葫芦

水葫芦为什么能净化水质

　　水葫芦又叫凤眼兰或水荷花。在过去，由于水葫芦繁殖迅速，结集稠密，覆盖面广，在南方常堵塞水道，严重影响船舶航行和水力发电。特别是在适于水葫芦生长的亚洲、非洲和美国南部的一些江河、沟渠，它们简直泛滥成灾。因此，它被称为"水中恶魔"。

　　然而，水葫芦却具有很好的净化污水能力，特别是对富营养化水质的改善有重要的作用，可以说是一种天然的过滤器。科学家们总结了许多研究成果后认为，水葫芦在生长过程中需要大量的氮、磷等营养物质，并对重金属离子、农药等有极强的富集能力。水葫芦的吸污能力在所有的水草中是最强的。因此，人们惊奇地看到，这种美丽的植物似乎特别喜欢脏水，水越脏生长越旺。脏水中许多对其他水生植物有害的成分，对于它似乎都成了养分，会被它贪婪地吸收掉。如果在湖泊、河流中放养水葫芦，能够大大改善水质。

百科加油站

　　水葫芦含有丰富的蛋白质、脂肪、糖类、维生素和矿物质，是家畜家禽的理想饲料。水葫芦还可以作为绿肥使用，既便宜又速效。

113

为什么金鱼草没有根也能生存

根是植物的重要组成部分，植物通过根来吸收营养，再把营养和水分输送到植物的全身，让植物生机勃勃地生长。金鱼草是生活在水里的一种植物，它并没有根，但却生活得挺好。那么它在没有根的情况下是怎么生长的呢？金鱼草整天在水里漂荡着，由于长期生活在水中，就慢慢地产生了适应在水里生活的结构。在金鱼草的茎和叶里，有许许多多的空洞。这些小洞里贮存的就是空气。靠着它，金鱼草就可以进行呼吸，而不至于被淹死在水里了。

那么金鱼草是如何吸收水分的呢？金鱼草的茎和叶子表面的任何部分的细胞都能吸收水分，体内也有"运输大道"，可以把水分和气体输送到全身。因此，没有根，金鱼草也能吸收到氧气和水。

秋天，陆地上的植物会落尽叶子，营养贮存在根部进入"冬眠"状态。金鱼草到了秋天的时候，枝顶叶子就会长出很密集的芽，这些芽就好像营养仓库，里面积累了许多淀粉。这样金鱼草变沉了，就沉入水底去过冬了。春天到了，芽里的淀粉转变成脂肪，芽又变轻了，于是金鱼草又漂上来了，开始新一年的生长。

长在高山岩石上的地衣为什么会"啃"石头

地衣之所以会"啃"石头，是因为地衣里含有地衣酸，这种酸能够腐蚀分解岩石而变成土壤。科学家经常利用石头被地衣腐蚀的程度来推测古代遗迹的年代。因此，地衣是世界上的拓荒者，人们称之为"植物的开路先锋"。

C 长在河边岩石上的地衣

百科加油站

不同种类的地衣在世界各国还是各种产品的原料。如，冰岛人把地衣粉加在面包、粥或牛奶中吃，法国用地衣制造巧克力糖和粉粒，有的国家还用地衣酿酒。

世界上生命力最强的植物是什么

在裸露的岩石上，在粗糙的树皮表面，我们常常可以看到颜色微绿、形似花瓣的片片斑痕，这就是地衣。它是自然界中生命力最顽强的植物，无论高山还是平原，森林还是沙漠，从严寒的南北两极到酷热的赤道，我们都能找到地衣的踪迹。据试验，地衣在 −273℃ 的低温下还能生长，在真空条件下放置 6 年还保持活力，在比沸水温度高 1 倍的温度下也能生存。因此，无论沙漠、南极、北极，甚至大海龟的背上，地衣都能生长。

地衣生长所需的物质主要来自雨露和尘埃。在终年冰封的南极，地衣多达 400 余种，是植物中的优势种类。这里的地衣有黑色、灰色、黄色、白色和红色，真可谓五彩缤纷，它们不仅为南极增添了色彩，更给南极带来了生命的气息。

❍ 生命力顽强的地衣

卷柏真的可以死而复生吗

卷柏是一种沙漠植物，原产于墨西哥的沙漠中。当干旱季节来临时，它的茎会紧紧盘卷成一个球，仿佛死了一样，但事实上它并没有死，只是新陈代谢非常缓慢而已；一旦有了水分，它就会舒展茎叶，尽量吸收难得的水分。因此说，卷柏并不会死而复生，而是为了适应环境而进化出的一种特殊的生存本领。

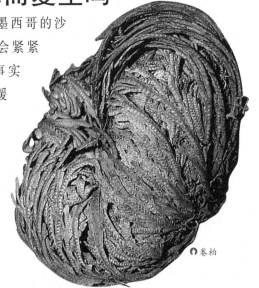

❍ 卷柏

❓苔藓是植物吗

在潮湿的地面、树皮、屋顶等地方，到处可以看到苔藓的踪迹。苔藓也算得上是高等植物，但是它们却是高等植物中结构最简单的一类了。苔藓有茎也有叶，但是不能开花结果，只能像菌类、藻类以及蕨类植物一样，以孢子进行繁殖。苔藓是水生植物向陆生植物的过渡类型，它们虽然生活在陆地上，可大多数仍需生长在潮湿的地区。它们没有真正意义上的根，只有假根，起到吸水、吸附和固定的作用。叶子多数是由一层细胞组成的，既能进行光合作用，也能直接吸收水分和养料。苔藓结构简单，而且个子矮小，一般只有几厘米，最高的也只有几十厘米。苔藓并不是单纯的一个物种，它大致可分成两个种类：一种是苔类，保持叶状体的形状；另一种是藓类，开始有类似茎、叶的分化。苔藓是有性繁殖，可以产生精子和卵子，精子以水为媒介，使卵细胞受精成为合子。合子在配子体上发育成孢子体。孢子体由孢蒴、蒴柄和基足三部分构成，基足中有来自母体的营养物质，供孢子使用。

⬆原始森林里的苔藓

❓为什么泥炭藓含水量特别丰富

泥炭藓常常生于沼泽地，或经常有滴水的岩壁下洼地及草丛内。由于它的身体结构中附有特有的储水细胞，所以储水能力特别强。泥炭藓可吸蓄其自身重量20～25倍的水分，它在森林地区过分生长往往导致森林的毁灭。第一次世界大战时，因缺乏药棉，加拿大、英国、意大利等国曾利用泥炭藓类植物的吸水特性代替棉花制作敷料。

⬆泥炭藓

为什么说苔藓是天然的"环境监测仪"

人们发现，在植物当中苔藓和地衣类植物对空气污染反应最敏感。苔藓的分布地区很广，只要是阴湿的环境，都可以找到它们。大多数种类的苔藓构造都很简单，叶片一般是单层细胞，没有保护层，外界气体很容易直接侵入细胞里。因此，只要空气中有害气体的浓度超过5‰，苔藓的叶子就会变成黄色或者黑褐色。几十个小时后，有的苔藓植物就干枯死亡了。因此，在植物当中，苔藓和地衣对空气污染反应最敏感，人们常常将它们看做"环境监测仪"。

◐ 苔藓

百科加油站

苔藓具有很强的吸水能力，而其蒸发量却只有净水表面的1/5，在防止水土流失上起着重要的作用。在园艺上也常用苔藓包装运输新鲜苗木，或作为播种后的覆盖物，以免水分过量蒸发。

红茶与绿茶有什么区别

红茶和绿茶有很多不同的地方，最主要的差别还在于加工方法的不同。虽然它们有可能是从一棵茶树上摘下来的，但是，经过不同的制作工艺，它们就变得完全不同。嫩绿的茶叶被摘下来以后，经过发酵工序，可以制成红茶；直接放在锅中烘炒，则可以制成绿茶。红茶味道醇厚，茶水呈红褐色；而绿茶口味清香，茶水呈黄绿色。另外，和红茶相比，绿茶较多地保留了茶叶里的天然物质和维生素。

◐ 茶

为什么高山上的茶叶品质特别好

高山地区昼夜温差大，山高温度低，对茶叶生长是一个有利条件，气温低，茶叶生长速度缓慢，这样就有利于茶叶内的成分，如单宁酸、糖类和芳香油等物质的积累和贮存。高山栽茶的地方大部分为沙质的土壤，土层深厚但通气良好，酸碱度适宜，加上树木葱郁，落叶多，土壤肥沃，有机质丰富。

山愈高，空气就愈稀薄，气压也就愈低，茶树在这种特定环境里生活，茶叶的蒸腾作用就相应地加快了，为了减少芽叶的蒸腾，芽叶本身不得不形成一种抵抗素，来抑止水分的过分蒸腾，从而形成了茶叶的宝贵成分——芳香油。

同时，高山上一年四季时常云雾弥漫，使茶叶受直射光时间短，漫射光时间多，光照较弱，这正好适合茶树的耐阴习性。由于高山雾日天气多，空气湿度相对较大，这样长波被云雾挡了回去，而短波光透射力强，却可以透过云层照射到植物上，茶树受这种短波光的照射，极有利于茶叶芳香物质的合成，因此，种植在高山上的茶叶香气就比较浓。

另外，高山大岳中，环境很少受到人为的污染，没受到污染的茶叶，质量自然是上乘的，也理所当然地会得到人们的青睐。大凡山峦重叠、翠岗起伏、佳木葱郁、云海飘浮的名山大岳，差不多都会出产名茶。

🎧 景色迷人的茶园

中国十大名茶都有哪些

我们国家是茶叶的故乡,茶叶的品种真是数不胜数。其中,被评为中国十大名茶的茶叶是西湖龙井、洞庭碧螺春、黄山毛峰、庐山云雾、安溪铁观音、君山银针、六安瓜片、信阳毛尖、武夷岩茶、祁门红茶。

西湖龙井产于浙江省杭州市西湖周围的群山之中。洞庭碧螺春茶产于江苏省苏州市太湖洞庭山。黄山毛峰茶产于安徽省太平县以南。庐山云雾茶产于江西省九江市庐山。安溪铁观音茶产于福建省安溪县。安溪铁观音茶历史悠久,素有"茶王"之称。

君山银针是中国著名黄茶之一。君山,为湖南岳阳县洞庭湖中岛屿。六安瓜片(又称片茶)为绿茶

❍ 经过加工的茶叶

特种茶类。信阳毛尖是中国著名毛尖茶,河南省著名特产之一,产自河南省信阳地区的群山之中。武夷岩茶产于中国福建省武夷山市。祁门红茶是著名红茶精品,简称祁红,产于中国安徽省西南部黄山支脉区的祁门县一带。祁红外形条索紧细匀整,锋苗秀丽,色泽乌润,俗称"宝光"。

> **百科加油站**
>
> 龙井属炒青绿茶,向以"色绿、香郁、味醇、形美"四绝著称于世。好茶还需好水泡。"龙井茶、虎跑水"并称为杭州双绝。虎跑水中有机的氮化物含量较多,而可溶性矿物质较少,因而更利于龙井茶香气、滋味的发挥。

茶树为什么都生长在南方

许多北方人没有见过成片生长的茶树,因为茶树大多生长在我国南方。一方面因为茶树喜欢温暖湿润的亚热带气候,我国南方的山区和半山区气候温暖,空气潮湿,春、夏季节较长,恰好能给茶树的生长提供很好的条件;而我国北方气候寒冷干燥,不适合茶树的生长。另一方面,茶树喜欢酸性土壤,我国南方的山区或半山区大多是酸性土壤,能给茶树提供它所需要的营养物质。因此茶树喜欢生长在南方,像著名的"龙井""铁观音""碧螺春"等都产自南方的山区。

世界三大植物饮料是什么

世界三大植物饮料是咖啡、茶叶和可可,它们有着悠久的历史。这三种饮料中均含有咖啡因,对人体能起到消除疲劳、振奋精神、促进血液循环、利于尿液排出、提高劳动效率和思维活力等多种作用。现在,这三大植物饮料已成为人类饮食中不可缺少的重要部分。

○咖啡

巧克力是用可可豆做的吗

制作巧克力的原料的确来自可可豆。可可豆是可可树的果实。可可树原产于南美洲亚马孙河上游的热带雨林,它遍布热带潮湿的低地,常见于高树的树阴处,树干坚实,花色粉红。可可树花开后就会结出果实,人们把这些可可豆剥出果仁,发酵晒干,烘焙及研磨,就会生产出可可粉。可可脂与可可粉主要用来制造饮料、巧克力、糕点及冰淇淋等。

○可可豆

咖啡是怎么被发现的

400年前,非洲的埃塞俄比亚一个地区的牧民发现,羊群吃了一种热带小乔木的红果子后躁动不安、兴奋不已,赶回羊圈后,羊群仍然通宵达旦欢腾跳舞。于是,牧羊人试着采了一些这种红果子回去熬煮,没想到满室芳香,熬成的汁液喝下以后更是精神振奋,神清气爽。从此,这种果实就被作为一种提神醒脑的饮料,从这里传向也门、阿拉伯半岛和埃及,并走向了世界各地。

○咖啡豆

啤酒花为什么被誉为"饮料王国里的后起之秀"

○啤酒

啤酒花是一种多年生草本蔓性植物，《本草纲目》上称其为蛇麻花，我国古人将其用作药材。1079年，德国人首先在酿制啤酒时添加了啤酒花，从而使啤酒具有了清爽的苦味和芬芳的香味以及防腐的效果，而且啤酒花还可以形成许多啤酒的泡沫，有利于麦芽汁的澄清。另外，啤酒花强烈的酒花味道能够平衡麦芽汁的自然甜度并激发食欲。从此以后，啤酒花被誉为啤酒的"灵魂"，成为啤酒酿造不可缺少的原料之一。如今，啤酒已经成为人们日常生活中最普遍的饮料。啤酒花也就被誉为"饮料王国里的后起之秀"。

竹子是树木还是草呢

竹子是十分常见的植物，它主要生长于热带和亚热带地区，也有少数品种生长于温带。然而竹子并不是树木，而是长得十分高大的草本植物。它的体内没有木质部，但是要长到如此高大，它需要寻找能支撑自己的物质。许多树木都会越长越粗，由此也可以看出竹子不是树。因为竹子的茎一出土面，就不再长粗了，年龄再大，也只能是这么粗。这主要是因为竹子是单子叶植物，而一般的树木大多数是双子叶植物。单子叶植物的构造和双子叶植物有很大区别，最主要的就是单子叶植物的茎里没有形成层。

> **百科加油站**
> 竹子是一节一节地拉长，竹笋有多少节，长成的竹子就有多少节。一旦竹子长成，就不会再长高了。

○竹子

为什么竹子开花就会死呢

竹子的结构分为地上茎(竹杆)和地下茎(竹鞭)。一般情况下，竹叶制造的养分可以用来使竹长高、长粗、长枝叶及长根，多余的养分还可以运到竹鞭。竹鞭上的芽萌发，并且在土中逐渐肥大，从而不屈地向上顶，等到出土后，就是我们所见所食的鲜嫩竹笋。它长大后会长成郁郁葱葱的竹子。竹子一般要活十几年或几十年才会开一次花、结籽。但是，假如遇到特殊的环境，例如特别干旱、严重的病虫害或营养不良等，竹子也会提前开花。通常竹子开花时，竹叶制造的所有养分都用来开花、结籽。竹子尽其所能，把所有的精华全部浓缩到花和种子中。等到开完花结完籽，竹子中贮藏的养分也就耗光了，于是它也完成了自己的使命，开花后不久绿叶凋零、枝干枯萎而死。而种子呢，则重新孕育着希望。等到在环境条件适宜的时候，它可以重新长出新的竹子来。因此，竹子一旦开花就预示着它即将死亡。

由此可见，竹子的一生只开一次花，不像其他植物那样，可以多次开花、结籽。这是它最大的特点。

⊃ 竹子

百科加油站

竹枝干挺拔修长，四季青翠，凌霜傲雨，备受中国人民喜爱，有"梅兰竹菊"四君子之一、"梅松竹"岁寒三友之一等美称。

❓雨后春笋为什么长得特别快

一场春雨过后，竹园里常常满地都冒出竹笋，并且长得很快，几天工夫竹笋就长成了高高的竹子。为什么春季下雨后，竹笋长得特别快呢？原来，竹子是多年生的常绿植物，它的地下茎（俗称竹鞭）既能贮藏和输送养分，又有很强的繁殖能力。它是横着长的，和地上的竹子一样有节，节上长着许多须根和芽。这些茎节上的芽，在出土之前已贮足了各种生长必需的养分，到了春天天气转暖时，就会向上升出地面，外面包着笋壳，我们就叫它"春笋"。但在这个时候常常因土壤还比较干燥，水分不够，所以春笋还长得不快，有的芽还暂时停在土里，像箭在弦上一样。要是下了一场透雨以后，土壤中水分一多，春笋就好像箭被射出去一样，纷纷窜出地面。竹子的生长速度是很快的。竹笋出土5厘米后，一昼夜可以长1米多高，特别是春雨过后，24小时之内可以拔高2米。树木生长一二十米高可能需要几十年，而竹子一两个月便可长到这个高度了。

❶竹笋

❓为什么冬天麦地不怕踩

冬天正是小麦长根和靠近地面的根形成分枝的季节。为了让麦苗的根和地下的分枝长得粗壮一些，就不能让地面上的叶子长得太旺盛。因为叶子长得太旺盛，就会消耗很多养料，而留给地下的根和分枝的养料就很少了。所以，冬天在麦地上踩一踩，让麦苗叶子受点轻伤，它们就不会长得太旺了。

这样，小麦便可以把更多的养分输送到根及分枝上去，从而让它们长得更好。有时，农民伯伯不仅踩麦苗，而且还特意用石碌子在麦苗上压一压，其目的也是为了抑制麦苗叶子的生长，从而让麦子的根及分枝长得更好一些。

❶绿油油的麦田

常吃大豆对身体有什么好处

在我们常吃的豆类食物中，大豆获得了"豆中之王""田中之肉""绿色的牛乳"等美誉，这主要是因为大豆有许多其他豆类不可比拟的优点。

所有植物性食物中，只有大豆蛋白可以和肉、鱼及蛋等动物性食物中的蛋白质相媲美，被称为"优质蛋白"。大豆中的脂肪以不饱和脂肪酸为主，富含的卵磷脂还有助于血管壁上的胆固醇代谢，预防血管硬化。大豆还富含钙质，每100克大豆中含有钙200毫克左右，其钙含量是小麦粉的6倍，稻米的15倍，猪肉的30倍。大豆中含有较多的纤维素，可以减慢人体对糖类的吸收，使人不容易发胖。大豆内含有一种脂肪物质叫亚油酸，能促进儿童的神经发育。亚油酸还具有降低血中胆固醇的作用，所以是预防高血压、冠心病、动脉硬化等的良好食品。大豆中所含的卵磷脂是大

↑大豆

脑细胞组成的重要部分，常吃大豆对增加和改善大脑机能有重要的作用。由于大豆有如此之多的优点，所以说常吃大豆对身体有很多好处。

为什么发豆芽要常换水

我们吃的豆芽，其实是豆子长成的根。黄豆、绿豆都是植物的种子，种子发芽要有合适的温度、充足的氧气和水分，这3条缺一不可。发豆芽，每天都要换水。这是因为发豆芽时，豆芽本身会发出一些热量。要是不勤换水，温度会越来越高，氧气会减少，豆芽就会烂根、变黑，甚至全部烂掉，所以每天要换水，降低过高的温度，使豆芽长得好。

> **百科加油站**
>
> 生黄豆中含有抗胰蛋白酶因子，影响人体对黄豆内营养成分的吸收。因此食用黄豆及豆制食品，烧煮时间应长于一般食品，以高温来破坏这些因子，提高对黄豆营养成分的吸收。

为什么大豆发芽了也能吃

大豆在发芽过程中,由于酶的作用,更多的钙、磷、铁、锌等矿物质元素被释放出来,这又增加了大豆中矿物质的人体利用率。大豆生芽后天门冬氨酯急剧增加,因此人吃豆芽能减少体内乳酸堆积,消除疲劳。

⬆ 大豆芽

什么是转基因大豆

1996年春,美国伊利诺伊西部许多农场主种植了一种大豆新品种,这种大豆移植了矮牵牛的一种基因,被称为转基因大豆。这个新大豆品种最大的特点是可以抵抗除草剂——草甘膦(毒滴混剂)。

除草剂有选择性的和非选择性的。草甘膦是一种非选择性的除草剂,可以杀灭多种植物,包括作物,这样,虽然这种除草剂的效果很好,但是却难以投入使用。草甘膦杀死植物的原理在于破坏植物叶绿体或者质体中的EPSPS合成酶。通过转基因的方法,让植物产生更多的EPSPS酶,就能抵抗草甘膦,从而使作物不被草甘膦杀死。

有了这样的转基因大豆,农民就不必像过去那样使用多种除草剂,而只需要草甘膦一种除草剂就能杀死各种杂草。目前除了大豆之外,还有很多其他抗草甘膦的转基因作物,包括油菜、棉花、玉米等。

⬇ 大豆

为什么发芽的土豆不能吃

土豆块茎上有许多芽眼，每个芽眼里都有一个芽，在顶端还有一个顶芽。平时，我们不易看到芽眼里的芽，因为土豆在收获后有两三个月的休眠期，也就是说土豆在这两三个月里是不会发芽的。而过了这个时期，有些土豆（尤其是变绿发青的土豆）就会从芽眼里长出嫩芽来。如果把发芽的土豆拿来做菜，人吃了往往会出现呕吐、发冷等中毒症状。这是因为土豆中发芽的芽眼周围产生了一种名叫龙葵碱的剧毒物质，人吃了就会中毒，所以发了芽的土豆不能吃。

⊃ 土豆

为什么萝卜到了春天会空心

一到春天，萝卜就变得肉质粗糙，口感乏味，有些还是空心的。其中的原因得从萝卜的生长过程说起。秋季，萝卜播种后不久便会长出根和叶，根吸收土壤里的水分和养分，叶子进行光合作用制造养分。当天气逐渐转冷，萝卜叶会将制造的养分大量储存到根里，因而根部一天天地肥大起来。春天，萝卜开始抽薹开花，繁衍后代。这时，它需要大量的养分，而叶子通过光合作用产生的营养已不能满足它的需要，此时，冬天储藏在根里的养分正好派上用场。因此，根里储存的养分就会迅速地被消耗掉。这样，根的肉质就由致密状态变成了棉絮般的疏松状态，脆甜萝卜就成了空心萝卜。

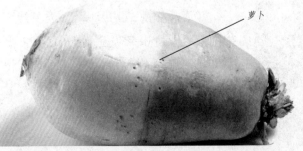

萝卜

桂皮是桂花树的皮吗

桂皮是樟科常绿乔木植物肉桂的干皮和粗枝皮，气味芳香，作用与茴香相似，常用于烹调腥味较重的原料，也是五香粉的主要成分，是最早被人类使用的香料之一。在西方的《圣经》和古埃及文献中曾提及肉桂的名称。秦代以前，桂皮在我国就已作为肉类的调味品与生姜齐名。

桂皮主要产于广东、广西、浙江、安徽、湖北等地，其中以广西平南肉桂质量最好，称"陈桂"。桂皮也是重要的中药，自古以来与北方的人参、鹿茸齐名。广西桂皮900多年前就已远销欧洲，如今桂皮成为广西重要的出口商品。国外把桂皮称为"西桂"。

而桂花是著名的观赏花木，人们常说"八月桂花遍地开"。每年中秋节后是桂花盛开的季节，此时，有桂花盛开的地方，空气中常常弥漫甜甜的桂花香味，闻之使人心旷神怡，心情舒畅。桂花树为木樨科多年生常绿灌木或小乔木，原产我国西南部喜马拉雅山东段，高者可达七米。桂花树叶茂而常绿，树龄长久，花呈伞状，黄白色，虽然花形小，却有浓香，芳香四溢，是我国特产的观赏花木和芳香树。

桂花由于久经人工栽培，自然杂交和人工选择，形成了丰富多样的栽培品种。大致可以分为四个品种群：金桂、银桂、丹桂和四季桂。金桂选择在秋季开花，花色从柠檬黄至金黄色；银桂花朵颜色较白，花味香浓；丹桂一般也在秋季开花，花色较深；四季桂四季开花。

桂皮并不是桂花树的皮，而是肉桂的干皮，肉桂和桂花树是两种截然不同的树木。

○ 桂花

○ 桂皮

百科加油站

农历八月是赏桂的最佳时期，桂花和中秋的明月自古就和中国人的文化生活联系在一起。许多诗人吟诗填词来描绘它、颂扬它，甚至把它加以神化。

我们吃的黄花菜是植物的哪一部分

　　黄花菜又叫金针菜，它虽然是一种常见的菜，可跟一般的蔬菜不同，我们吃的那部分是它的花。黄花菜的花是黄色的，很漂亮，但是人们在花蕾未开的时候就要把它摘下来。如果花开了再摘，就会影响黄花菜的质量。因此我们吃黄花菜时，看不到花瓣，但仔细去观察，可以看到黄花菜底部有个硬硬的梗，那是花柄。采摘下来的黄花菜的花蕾要及时蒸制，蒸到花蕾由黄绿色变成淡黄色，然后摊开晾晒两三天，黄花菜就制好了。新鲜的黄花菜含有一种叫做秋水仙碱的毒素，必须经过开水焯制并用冷水浸泡后才可食用。

黄花菜不仅味道鲜美，而且营养丰富，富含有益于人体的多种维生素，可用来炒肉、炖鸡、炖豆腐等，深受人们的喜爱。

◐ 黄花菜

为什么吃了没煮熟的四季豆会中毒

　　因为四季豆中含有皂素毒和植物血凝毒素，四季豆只有在完全煮熟的情况下毒素才能被破坏。因此，人吃了未煮熟的四季豆易中毒。中毒表现为恶心、呕吐、腹泻、头晕等症状。四季豆里的毒素一般要在100℃的开水里煮30分钟才能被破坏。预防四季豆中毒的主要方法是把四季豆充分加热，彻底炒熟再食用。判断四季豆是否熟透的方法是，豆棍由支挺变为蔫软，颜色由鲜绿色变为暗绿，吃起来没有豆腥味。

◖ 新鲜的四季豆

为什么摘下来的蔬菜会变蔫儿

当蔬菜长在地里时，可以不断地从根部吸收土壤里的水分和养料，所以非常新鲜。如果蔬菜一旦被摘下来，菜里面的细胞虽然不会死掉，但它们却要消耗蔬菜本身储存的水分和养料，所以时间一长，蔬菜中的水分和养料消耗多了，菜就变蔫了。因此，我们平常要买新鲜的蔬菜，这样又有营养，吃起来口感也好。

○蔬菜

为什么韭菜割了以后还会再长

因为韭菜是多年生植物，每一簇韭菜地下都有许多狭圆锥形的鳞茎。韭菜的叶片不是叶尖在长，而是从鳞茎中心的生长点不断生长出来的。因此，鳞茎外围的叶片长得很高大，鳞茎中部的叶片较小。韭菜割后，由于鳞茎内贮藏着许多养分，所以新叶又会长出来。在肥沃水足的韭菜园里，一年便可以收割韭菜五六茬。一般韭菜栽下后半年才割，这样做是为了让鳞茎长得更好。

百科加油站

韭菜含有维生素C、维生素B、矿物质及硫化物和挥发油等物质，营养很丰富。韭菜中的粗纤维是人体不可缺的物质之一。由于韭菜有诸多好处，因此人们对韭菜钟爱有加。

为什么切开的茄子放久了会变黑

如果将切开的茄子在空气中放一会儿，便变黑了。这是因为茄子里含有一种叫单宁的成分。它是一种结构复杂的酚类化合物，最大特点就是很容易被空气中的氧气氧化，生成浅黑色的氧化物。把茄子切开后，如果不马上烹调，其中的单宁就会暴露在空气中，一会儿便被氧化成了黑色，所以我们看到茄子就变黑了。如果想要切开的茄子不变黑，可以将其放入水中，避免与空气接触，等到烹调时再从水中捞出，这样茄子就不会变黑了。凡是含有单宁的果实都有这种现象，例如苹果、梨切开后也会变成黑褐色。所以我们不要将削过皮的水果在空气中放置太久，最好现削现吃。

○茄子

为什么会"藕断丝连"

藕，是莲肥大的地下茎，也是我们常见的一种蔬菜。它原产于印度，很早便传入我国，在南北朝时期，藕的种植就已相当普遍了。藕微甜而脆，可生食也可做菜，而且药用价值相当高，它的根、叶、花、果实，无不为宝，都可滋补入药。用莲藕制成粉，能消食止泻，开胃清热，是滋补的佳品。藕有一个特性，就是我们常说的"藕断丝连"，当我们把藕从中间折断，可以看到有很多细丝仍然连着。为什么会这样呢？在显微镜下观察，我们可以看到藕中运送水分养料的导管内壁上布满了许多螺旋状的增厚部分，看上去就像弹簧一样盘旋在一起。具有这些"弹簧"的导管称为螺纹导管，拉出来的藕丝就是这些拉长了的"弹簧"。当我们将藕折断时，这些导管并不一定会被折断，因此会"藕断丝连"。

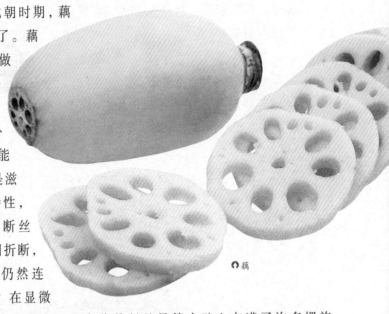

❶ 藕

为什么说冬瓜全身是宝

冬瓜肉质细嫩，味道鲜美，清爽可口，是夏季清热解暑的好食材。其实冬瓜全身都是宝，可以作药食用。冬瓜皮可利水消肿，清热解暑；冬瓜子可清肺化痰，利湿排脓；冬瓜肉可利水、清热、消痰、解毒，所以说冬瓜全身是宝。

❶ 冬瓜

芹菜缘何被称为降压香菜

芹菜有强烈香味，被称为香料蔬菜。它既可以生吃，又可熟食，还是调味香菜。它的香味同香菜非常相似，因为它们都含有芫荽苷、甘露醇、挥发油等香料物质，所以有人称它们为"香料姐妹"。

芹菜营养丰富，其中钙、磷、铁的含量比其他叶菜都多。尤其是芹菜叶子中的胡萝卜素含量非常高，而许多人吃芹菜习惯把叶丢掉，这是非常可惜的。

古人称芹菜为药芹，它有平肝清热、祛风利尿的作用。古希腊的医学老祖宗希波克拉底就用芹菜作利尿剂，这与芹菜含叶黄素有关。芹菜切碎煲水服用或用鲜奶煮食可治疗风湿。现代药理研究表明芹菜具有降血压、降血脂的作用。由于它们的根、茎、叶和籽都可以当药用，故有"厨房里的药物""药芹"之称。由于芹菜的钙、磷含量较高，所以它有镇静和保护血管的作用，又可增强骨骼，预防小儿软骨病。常吃芹菜，尤其是吃芹菜叶，对预防高血压、动脉硬化等都十分有益，并有辅助治疗作用。所以，芹菜被认为是高血压、冠心病患者的理想食疗蔬菜。

🔵 芹菜

百科加油站

芹菜原产地中海沿岸沼泽地带，很受当地人推崇。希腊人常把芹菜当作观赏作物，在节日里用它来装饰房间；每逢竞赛，人们把用芹菜花扎成的花冠戴在优胜者头上。

葱为什么有白、绿两部分

这与葱的种植有关。葱，地上的部分为绿色，地下部分为白色。在葱的种植期间，人们会不断培沙土，使其大部分一直生长在沙土下，不见阳光，因而使葱的体细胞内的质体以白色体为主，故呈白色；而长出地面的部分，由于受到阳光照射，可以进行光合作用，由于叶绿体中的叶绿素呈绿色，故长出地面的部分为绿色。

🔵 葱

为什么薄荷是清凉的

薄荷是一种具有香味的多年生植物。在薄荷的茎和叶里,含有大量的挥发油——薄荷油,它的主要成分是薄荷醇和薄荷酮。薄荷油是淡黄绿色的油状液体,馥郁芳香而清凉,薄荷的全身清凉香味就是从这而来的。吃薄荷会有清凉的感觉,这并不是皮肤降温了,而是薄荷中所含的薄荷油对人体皮肤上的神经末梢有了刺激,产生了冷的感觉。

用蒸馏法可从薄荷茎、叶中提炼出薄荷油;再对薄荷油提炼加工,在低温下能提炼出一种无色晶体,即薄荷脑。我国是出产薄荷油、薄荷脑数量最多、质量最高的国家。清凉的薄荷在医药、食品和其他生产领域内广泛应用。作为医药成分,它有散热、止痛、杀菌、消炎等功效,在糖果、牙膏等里面,也少不了薄荷。

❶ 颜色翠绿的薄荷叶

为什么说三色堇是"气温草"

三色堇是欧洲大陆十分常见的一种野花,它的叶片为长椭圆形,花为蓝、黄、白三色,故名"三色堇"。这种花有一个有趣的现象,就是能像温度计一样测量出温度的高低。三色堇的叶片对气温反应极为敏感,当温度在20℃以上时,叶片向斜上方伸出;若温度降到15℃时,叶片慢慢向下运动,直到与地面平行为止;当温度降至10℃时,叶片就向斜下方伸出。如果温度回升,叶片又恢复为原状。当地的居民根据它的叶片伸展方向,便可知道温度的高低。

❶ 三色堇

你知道人参是怎样滋补人身体的吗

众所周知，人参是一种补药，它的根与茎基部缩短的茎合称为芦头，很有点像人形，这种形态美使人参的价值倍增。人参是我国的特产，主要生长在我国东北的长白山、小兴安岭东南部和辽宁省北部，与貂皮、鹿茸合称为"东北三宝"。

我国利用人参已经有几千年的历史，人参具有很高的药用价值，适当剂量的人参对于高级神经的兴奋过程和抑制过程都有加强的作用；能够增强心脏的舒缩作用，具有强心和兴奋血管运动中枢和呼吸中枢的作用；能增进食欲，促进新陈代谢和生长发育；提高对疾病的抵抗和免疫能力，消除精神疲劳等。

人参具有如此多的药用功能是由它所含的成分决定的。随着科技的进步，人参的有效成分已被研究清楚，主要是人参皂甙，现已分离出人参单体皂甙13种。此外还含有许多重要物质，如精氨酸、赖氨酸、谷氨酸等15种氨基酸，人参酸、挥发油、维生素B_1和B_2、烟酸、泛酸、淀粉、葡萄糖，等等。

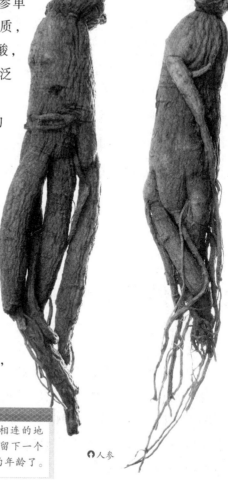

人们对人参的需求量很大，野生的远远不能满足需要，现在已有许多人工栽培人参。栽培人参在药效上虽然比不上野生人参，但它们的基本成分差不多。随着研究的深入，我们相信人参的栽培和人参的利用会更上一个台阶。

我国北部和加拿大有一种人参叫西洋参，其作用与人参大同小异，不过性味没有人参那么强烈，这种西洋参目前已在我国一些地区引种栽培，安家落户。

百科加油站

要想知道人参的年龄，就要看它的根和茎相连的地方，那儿有一个长叶片的芦头，每长一岁，上面就留下一个疤节，只要数一数芦头上的疤节，就能知道人参的年龄了。

● 人参

甘草为什么被尊为"中药之王"

甘草是一种多年生草本植物,根部有甜味,可以入药。甘草在中药里的应用很广泛,很多药方里都有甘草。由于它有调和众药的作用,所以被尊为"中药之王"。甘草的用途很多,有抗炎症、降血压、润肺、抑制胃酸分泌及抗过敏等多种功效。近年来的科学研究表明,甘草含有100多种化学元素,主要成分有甘草酸、甘草甙等,对高血压等多种疾病有一定的治疗作用。

△甘草

百科加油站

甘草还广泛应用于食品工业,精制糖果、蜜饯和口香糖。甘草浸膏是制造巧克力的乳化剂,还能增加啤酒的酒味及香味,提高黑啤酒的稠度和色泽,制作某些软性饮料和甜酒。在化工、印染工业中,甘草也广有用途。

杜仲为什么由人名变成药名

杜仲是一种珍贵药材,而且只在中国出产,有温补肝肾、安定胎儿、强筋健骨等作用。它的名字来自于一位古人。相传古时候有个叫杜仲的人,靠砍柴为生,因为干活辛苦落了个腰腿疼的毛病。一次,他上山砍柴,突然犯病,疼得抱着一棵树直啃树皮。结果,他的疼痛居然减轻了。于是杜仲剥了些树皮带回家煎汤喝。这种树皮汤不仅治好了他的病,还治好了隔壁老汉的腿疼病。后来,四面八方犯腰腿疼的病人都来找杜仲医治。人们为了感谢杜仲,就用他的名字给这种树及其树皮命了名。

为什么把绞股蓝称为"南方人参"

绞股蓝分布在我国陕西南部及长江以南各省区。日本、越南、印度、印度尼西亚也有。绞股蓝生在沟旁或林中，是一种葫芦科的藤本植物，雌雄花序均为圆锥状，果实为小球形。人参主要分布在我国东北，属于五加科，为多年生草本植物，伞形花序，根状茎粗壮。可见，绞股蓝与人参在亲缘关系上相差很远，形态结构上也是大相径庭。那为什么把绞股蓝称为"南方人参"呢？

以前，绞股蓝生在深山，其药用价值没有引起重视。近几年，随着人们对绞股蓝所含成分的研究逐步加深，证实绞股蓝含有人参的有效成分皂甙，所以绞股蓝具有类似人参的药用价值和药用功能。又因绞股蓝主要分布在我国南方，故有"南方人参"的美称。

○ 绞股蓝

你知道五倍子是什么东西吗

五倍子是一种很特别的中药材，它是一种蚜虫在某些植物的幼叶上寄生，使植物的幼叶受刺激后长出来的东西。这种蚜虫叫五倍子蚜虫，它首先咬破植物的幼叶，并设法咬出一个小洞钻进去；而植物的幼叶受刺激后加速生长，把五倍子蚜虫包裹起来。这样，植物幼枝幼叶上便长出了一个膨大的东西，里面包裹着五倍子蚜虫。这个东西，我们称为虫瘿。把这样的虫瘿晒干后，就是中药所用的五倍子。

五倍子蚜虫可以寄生在漆树科的盐肤木上，也可以寄生在青麸杨和红麸杨上。有时为了区别，把盐肤木上形成的五倍子称为角倍，而把青麸杨和红麸杨上形成的五倍子称为肚倍。角倍比肚倍药用效果要好一些。

五倍子可以治疗咳嗽、出虚汗、遗尿等疾病，作为外用药时，可以治皮炎、疥疮和足癣，还可治疗烧伤、外伤出血等损伤，是一种需求量较大的中药材。

？植物如何指示矿物的所在

矿藏埋藏在地下，人们一般不容易发现。然而有许多植物能够成为地质勘探队员的好向导，帮助他们找到想要找到的矿藏。科学家研究发现，在有鸡脚蘑、凤眼兰生长的地方，可能有金矿。在生长有大量针茅草的地方，可能会有镍矿。在有喇叭花大量生长的地方，可能会有铀矿。在富含锌的地方，三色堇不但长得特别茂盛，而且花开得格外鲜艳。这些植物能成为人们找矿的好向导，是因为它们也喜欢生长在富含它们特别需要的矿物元素的土壤里。

植物为什么能指示矿物的存在呢？原来，植物生长之处的地下岩层对它至关重要。地下水能溶解一部分金属，含金属的水向上渗入土壤，再被植物吸收到体内。因此，生长在铜矿上的植物能吸收含铜的水，镍矿上的草木吸收含镍的水。无论地下埋藏着什么物质，铍、钽、锂、铌、钍、钼等元素都会被水溶解一部分并带到地表上来，植物吸水后，每一段茎、每一片叶子便都累积着微量的元素。即使水深到 20 ~ 30 米，植物组织仍会积蓄一部分这样的金属，所以它们依然灵敏地反映出金属物的存在。大部分金属元素在各种植物里有微量积蓄，植物需要它们，没有反而会"饥饿"生病。

但是过犹不及，如果金属含量过高，对植物就会产生毒害作用。所以，在金属矿区，大部分植物都不见了，剩下来的只是那些经得起某种金属在自己体内大量积蓄的植物。于是，这些地区只生长着这一类植物，它们便成为这种金属矿的天然标志了。

科学家经过初步统计，能够指示各种矿产的植物至少有 70 多种。它们能指示的矿物有硼、钴、铜、铁、锰、硒、铀、锌、银等。所有这些指示植物都是草本植物，其中有 1/3 以上是属于豆科、石竹科和唇形科，还有车前科、木贼科和堇菜科等。

🔊 喇叭花·

❓ 植物为什么能预测地震

20世纪初，一些科学家发现预测地震最好的植物是含羞草。这是一种很敏感的植物，它细腻的"感觉"会预测很多的事情。那么，有地震发生的时候含羞草会有什么样的表现呢？含羞草在平时正常的情况下，白天的叶子是张开的，到了夜晚，它的叶子是闭合的。可是，在地震来临之前，它就会一反常态，行为正好相反：白天的时候，闭合叶子；晚上的时候，张开叶子。刚开始人们对这一现象感觉很奇怪，并没有深入地研究，但是，在科学家们注意到之后，才发现含羞草的这种反常的现象恰恰是大地震来临之前的预兆。

○含羞草

❓ 为什么说泡桐是"天然吸尘器"

泡桐是我国著名的速生用材树种之一，民间流传着"一年一根杆，五年能锯板"的说法。它树干挺直，树冠庞大，叶大多毛，分泌的黏液能吸附粉尘，净化空气，并且对二氧化硫、氯气、氟化氢、硝酸雾等有毒气体有较强的抵抗性，被称为"天然吸尘器"。

○泡桐

百科加油站

泡桐的材质轻软，富有弹性，不易裂，隔热性能好，不被虫蛀，是制胶合板的良材。由于它具有"轻、松、脆、滑"这四个突出特点，因此常用它来制造乐器、教学仪器及音响机壳。

灵芝为什么被称为"仙草"

灵芝其实并不是草，而是同蘑菇一样，是一种真菌。灵芝对人体有滋补作用，是一种珍贵的中药材。灵芝含有生物碱、内脂香豆精、酸性树脂、氨基酸、油脂及还原性物质，具有强心、补血、益气和安神的功效，可以医治神经衰弱、高血压、心脏病、小儿哮喘等多种病症。为了方便使用，人们常把它制成针剂、冲剂等。因为灵芝既能够医治人的许多病痛，又能对人体起滋补保健的作用，再加上天然的灵芝常常生长在崇山峻岭之中，十分难得，人们觉得它就像仙境的灵草一样神奇和珍贵，因此称之为"仙草"。

❻ 灵芝

❻ 冬虫夏草

冬虫夏草是虫还是草

冬虫夏草也叫虫草，它冬天长得像虫，夏天头上长着一棵"草"，于是就得了这样一个怪名字。可它到底是虫还是草呢？其实，冬虫夏草既不是虫也不是草，而是一种真菌——虫草菌。它是寄生在蝙蝠蛾幼虫上形成的复合体。虫草菌的孢子一旦遇到蛰居在土层中的蝙蝠蛾幼虫，就会钻进幼虫体内，形成菌丝体。从冬季到夏季，菌丝体把幼虫内部的营养吸干，变成一个暂时处于休眠状态的硬块，称为菌核。到了第二年的夏天，菌核从幼虫的躯壳上长出，就像一株小草。

> **百科加油站**
>
> 灵芝品种约200种，并不是每种灵芝都能药用，其中包括不能食用的毒芝。医学证明赤灵芝、紫芝、云芝药用价值最高。我国的长白山自然保护区非常适宜灵芝的生长。

❓为什么许多黑色的食品大受人们的欢迎

黑色食品常常是用含有天然黑色素的动植物或动植物产品加工而成的，如黑米、黑木耳、黑豆、黑鱼、乌鸡等。一般来说，含有天然黑色素的生物，其所含的营养成分也比较多。比如，黑米、黑芝麻中的主要营养成分氨基酸、脂肪酸、维生素、矿物质等的含量都要比白米、白芝麻的高。黑木耳中含有许多高等菌类所特有的多糖、蛋白质，对人体有很好的保健作用，对防治癌症和心脑血管疾病也有一定的效果。此外，黑色食品还是很好的美容和抗衰老食品。

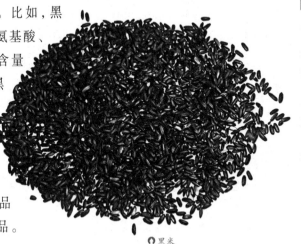

🔵黑米

❓植物也会流血吗

有些植物会流血，这可不是骇人听闻，植物确实会流血。当我们砍掉树枝，或是剥去树皮，或是摘朵花的时候，植物体内会有液体流出来，好像是植物在流血似的。这些液体就是植物体内的汁液，植物受伤的时候经常分泌汁液，很多汁液具有黏性，流出后就会凝固，把伤口封住，可以抑制细菌滋生。有的汁液含有毒素，动物沾上后会有瘙痒、红肿等现象，这样就可以防止动物的进一步伤害，对自身起到保护作用。亚马孙有一种牛奶树，只要在树上割出一个切口，白色的乳汁就流了出来。这种乳汁看起来很像牛奶，味道与成分也和牛奶差不多，只是稍带苦味。一般的树木，它们的"血"都是无色透明的，也有的是乳白色的，但是有一种奇特的龙血树，它的汁液是紫红色的，酷似人的鲜血。

🔵龙血树

为什么说植物与雷电有密切关系

　　夏季下雨时雷电多，冬季降雪时雷电少；两极地区和冻土带没有闪电；海洋和沙漠上雷鸣非常少。有些科学家认为：植物的生长也影响着这些气候现象。

　　据学者统计，地球上生长着大量芳香植物，全世界每年散布到大气里的芳香物质足足有 123 亿吨。这些芳香物质在阳光里四处飞散时，每一滴芳香物质都带有正电荷，而这带正电荷的芳香物质还能把水分吸收到自己周围来，将自己包在核心处。这样，一点一滴地积累到最终能形成可以电闪雷鸣的大块乌云。地球各大洲（除南极洲）平均每秒钟有144次闪电。把这些闪电所释放的全部电能收集起来，得到的正是植物每年散布到空中的芳香物质带走的那部分能量。植物把电能送上天空，大气又把电能送还给大地，大地又把电能赠送给植物。植物受到弱电流的刺激，就会提前进入成熟期，产量也增加了。就这样，大自然在循环中度过一个个春秋。

　　冬天北方的芳香植物大部分枯死了，或者进入"冬眠"状态，这就是降雪时极少形成电闪雷鸣的一个原因；两极和冻土带环境严酷，缺少植物，难以形成闪电；沙漠地带，植物稀少，芳香物质少，水分也少，很难有电闪雷鸣；而海洋植物所产生的芳香物质大部分溶解在水中了，所以海洋上空雷电也比较少见。

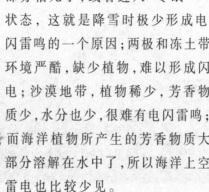

🔊 树

🔊 冬天的树

水中也有"捕猎者"吗

水中的植物"杀手"叫做狸藻，这种植物平日里都在水面上"游荡"，长着细如发丝的叶子，而在这些细细的叶子旁长着许多卵形的小口袋，这些小

↻ 狸藻

口袋就是它们的捕食工具。狸藻的小口袋非常特别，有着一张只能从外往里开的小盖子。我们可不要小看了这个小小的口袋和这个只能进不能出的"大门"。当水中的小虫游到了狸藻的旁边，随着水势轻轻地一推，小虫就很容易被推到狸藻的口袋里。可是，这进去很容易，想出来，那可就难了，狸藻的盖子发挥了重要的作用，因为它从里面是推不开的。于是，可怜的小虫也就只好束手就擒，乖乖地成为狸藻的美餐了。

植物也需要排泄吗　它们是怎样排泄废物的

植物在生长发育中也会产生废物，它们需要把这些废物排出体外。但是，植物没有像动物那样的特殊排泄器官。植物在光合作用下产生的废物——氧气，通过叶片上的气孔、根部的细胞壁，或者别的组织结构排出体外，呼吸作用产生的二氧化碳和水也是通过相同的途径排泄出去的。一些植物还分泌别的物质，像树脂、树汁、乳胶，这些是在水的压力和植物细胞的吸收力的作用下被排出的。

当给一株健康的植物套上塑料袋后，不久就会发现塑料袋上布满了水珠，这些水珠来自两个方面：一是植物在进行呼吸作用时所产生的废物，二是蒸腾作用所蒸发出来的水。这些水珠是在植物叶片上的气孔张开吸收和排泄气体的时候，随之被排出体外的。

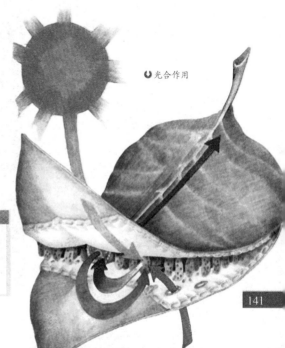
↻ 光合作用

百科加油站

捕蝇草有一种特殊的排泄废物的方法，它用多刺的叶子把昆虫关在里面之后，用大约10天的时间来消化昆虫，然后张开叶子，残留下来的昆虫尸体就被风刮走了。

❓ 橄榄油是用橄榄榨出来的油吗

不少人以为橄榄油是用橄榄榨出来的。其实，橄榄油并不是用橄榄榨取的，而是用另外一种专门的油料植物——油橄榄榨取的。油橄榄是一种常绿树木，以其果实能产油而形状又似橄榄得名。它原产于地中海一带，是那里许多国家（如意大利、西班牙和葡萄牙等国）的重要油料作物。用油橄榄的果实榨取的油，是在化学结构上最接近母乳的一种植物油，最容易被人体吸收，而且芳香可口，营养丰富，富含多种维生素，被誉为"品质最佳的植物油"。虽然橄榄的果实和种子也可以榨油，但其含油量和品质远不及油橄榄。

◐ 油橄榄

❓ 果树为什么不能年年丰收

许多果树都有一个特点，第一年结的果子多，第二年结的果子就少，总之，不会年年丰收。这就是人们常说的"果树的大小年"。其实，造成果树大小年的主要原因是营养问题。因为在大年里，果树结果多，大部分养料都供给了正在生长的果实，而枝条却得不到足够的营养，不能满足花芽发育的需要，产生的花芽就会减少，所以第二年结果就少。反之，在小年里，果树结果少，能量消耗少，能长出大量花芽，所以第二年结出果实就多了。

◐ 硕果累累

？为什么适当地修剪果树能增产

一般情况下，在果树生长的前期，根吸收的矿物营养以及叶片光合作用的产物，主要是用来长枝叶的，这叫营养生长。营养生长期期间，枝叶将变得繁茂起来，同时积累丰富的养料，为随后的开花、结果即生殖生长打下坚实的基础。因此，必须有充足的水、肥供应。在氮、磷、钾三要素中，氮是叶肥，磷是果肥，钾是根肥。应以施氮肥为主，磷、钾肥为辅，配合其他必需的肥料，以使枝叶繁茂，茎干、根系茁壮。如果枝叶长得过于繁茂，互相遮蔽，有些叶片光照不足，光合作用强度低，产生的养料不但不足以维持自身的生长所需，而且还需要其他叶片来"饲喂"，这样，贮藏的养分就会减少。另外，枝叶密不通风，容易孳生病虫害，导致

◐ 累累硕果

植株生长不良。因此必须进行修剪，除去弱枝，保持一定的树形，保留当年结果枝条，尽量扩大结果部位等。

适当修剪，剪去赘芽、赘枝，可以促进株间通风透光，防止病虫害，确保叶片制造的养分绝大部分用来供应花、果生长的需要。这样，不仅结果数量多，而且果实大。因此说，果树适当修剪能增产。

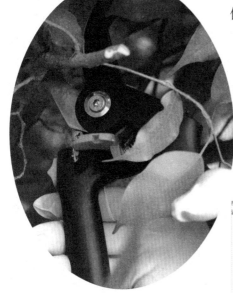

◐ 修剪植物

百科加油站

如果对果树修剪不当，比如剪掉过多的结果枝条，也会影响后面的开花和结果。到生长后期，如果茎叶徒长，就会与生殖生长争夺有限的养分。这会严重影响开花、结果，导致果实难以最后成熟。

❓水果会相克吗

有些水果之间会产生"相克"的现象。比如，我们把梨和香蕉放在一起，没过几天，香蕉就会变黑、变软甚至变烂。产生这种现象的原因是梨能释放出无色无味的气体——乙烯。乙烯是果实催熟剂，它能加速水果成熟，并且能加速成熟水果的老化，是水果储存的大敌。在众多水果中，释放乙烯最多的是梨。因此我们存放水果时，最好把梨与别的水果分开。当然，有些水果是不会释放乙烯的，所以能与别的水果"友好相处"，比如葡萄、橙子、猕猴桃、菠萝等。

🍎 梨和香蕉

❓为什么放久了的红薯特别甜

爱吃红薯的人都会有这样的经验：刚收获的红薯味很淡，而贮藏后的红薯味道却特别甜。这其中有什么原因呢？原来，生长期间的红薯，由于自身的温度相对较高，红薯只积累淀粉，糖分很少，而且由于水分较多，所以这时的红薯吃起来甜味较淡。贮藏以后，水分减少了很多，皮上起了皱纹。水分的减少对于甜度的提高有很大的影响。其中原因有两个：一是水分蒸发导致水分减少，相对地增加了红薯中糖的浓度；二是在放置的过程中，水参与了红薯内淀粉的水解反应，淀粉水解变成糖，这样红薯内糖分增多，红薯就越贮藏越甜了。不过，贮藏太久的红薯也会腐烂，而且贮藏时不能与马铃薯一起混合贮藏，因为它们一个怕冷，另一个怕热。

🍠 红薯

❓ 为什么胡萝卜被称为"小人参"

胡萝卜是一种质脆味美、营养丰富的家常蔬菜。胡萝卜含有丰富的胡萝卜素，胡萝卜素经人体消化吸收后会转化为维生素A。维生素A能促进人体发育、骨骼生长和脂肪分解等，是人体必需的营养物质。胡萝卜还含有大量的糖分和淀粉，为人们进行各种各样的活动提供必要的能量。此外，胡萝卜还含有维生素B、维生素C和氨基酸等物质，对人体的生长发育大有益处。胡萝卜的营养价值如此之高，因而有"小人参"之称。

○ 胡萝卜

❓ 为什么黄瓜可以美容

植物学家研究发现，黄瓜含有人体生长发育和生命活动所必需的多种糖类、氨基酸和维生素，可为皮肤和肌肉提供充足的养分，有效地对抗皮肤老化，减少皱纹的产生。将新鲜的黄瓜切成薄片贴在脸部，或取黄瓜汁涂于面部或皮肤上，可以舒展面部皱纹，治疗面部黑斑，还能清洁和保护皮肤，从而起到美容的作用。黄瓜中含有的丙醇二酸能有效地抑制食物中的糖类转化为脂肪，从而达到减肥的目的。黄瓜中所含的生物活性酶能有效地促进机体代谢，将其提炼出来，可制成洗面奶。

○ 黄瓜美肤

为什么黄瓜有时会变苦

黄瓜是我们常见的一种蔬菜,它肉脆汁多,带有淡淡的甜味,生吃清脆可口。然而,有时我们会发现,有的整条黄瓜或者黄瓜的瓜柄部分非常苦。这究竟是什么原因呢?野生的黄瓜体内含有一种很苦的物质——葡萄糖甙,这样可以防止其他动物吃掉它的种子,从而有利于繁殖后代。随着农业的发展,人类逐步学会了栽培黄瓜。在长期人工选择下,黄瓜逐渐向人类需要的方向发展,苦味物质逐渐消失。但也有许多黄瓜的瓜柄处还残留了一些葡萄糖甙,因而很苦。

有些黄瓜不仅瓜柄端苦,而且整条瓜都很苦,这是因为原来生物的演化方向有两种,一种是向前发展,称为进化,这是生物进化的主流。在一定条件下,生物也会向反方向发展,称为返祖现象。由于受环境的影响或本身的变异,某个植株又恢复了大量合成葡萄糖甙的能力。比如,天气变化异常、营养不足、遭虫害或黄瓜藤受损伤等,往往易产生苦黄瓜。

⊙ 鲜嫩的黄瓜

百科加油站

黄瓜原产于印度,张骞出使西域时将其带入我国,当时叫胡瓜,后来改名为黄瓜。黄瓜是含热量最低的蔬菜,每千克仅含热量672焦耳。

吃菠萝前为什么要用盐水泡一下

菠萝的果肉里除了含有多种有机酸、糖类、氨基酸和纤维素,还含有一种水解蛋白质——菠萝蛋白酶。如果吃了没有泡过盐水的菠萝果肉,人的口腔、喉咙就会有一种麻木刺疼的感觉,这是菠萝蛋白酶在作怪。因为菠萝蛋白酶能够分解蛋白质,对我们的口腔黏膜和嘴唇的柔嫩表皮有较强的刺激作用。而食盐能抑制菠萝蛋白酶的活性,因此,我们吃菠萝前要先用盐水把菠萝泡一下。经盐水浸泡的菠萝,菠萝蛋白酶少了,有机酸也少了,吃起来会更加香甜爽口。

⊙ 削皮后的菠萝

为什么不能把香蕉放在冰箱里

大多数水果都能放在冰箱中冷藏保存,而香蕉却不能放在冰箱里保存。这是因为香蕉被采摘后,仍在进行呼吸作用,在合适的温度下,如处于13℃~16℃之间,其呼吸作用就会增强,最后会出现一个呼吸高峰。当呼吸高峰出现时,香蕉会大量产生一种名叫乙烯的果实催熟剂,这标志着香蕉成熟。香蕉成熟后,外表会变黄,果肉会变软、变香、变甜。一般情况下,冰箱冷藏室的温度处于5℃左右,冷冻室的温度处于-18℃左右。而香蕉原产于热带,对低温十分敏感,它储藏的最佳温度是13℃,如果低于这个温度,香蕉皮会变成暗灰色,果肉也会变得僵硬。

○ 香蕉

为什么称芒果为"热带果王"

芒果是著名的热带水果,集热带水果精华于一身,味道甜美,营养丰富,被誉为"热带果王"。芒果原产于亚洲南部的印度、马来半岛,后来逐渐被移种到其他热带、亚热带地区。每年的5~7月是芒果成熟的季节。成熟的芒果大多呈金黄色,有的果皮上泛着浅浅的红晕,让人垂涎三尺。新鲜的芒果兼有菠萝、柿子和蜜桃的滋味,营养价值极高,富含糖、蛋白质、粗纤维,尝一口便会回味无穷。盛夏季节,吃上几个芒果可消暑解乏,让人觉得浑身清爽。

○ 芒果

？为什么雪莲不怕严寒

　　雪莲是一种名贵中草药，生长在我国终年积雪的西北天山和西藏墨脱一带。当地气候非常寒冷，气温一般在0℃以下，而且山风强劲，一般植物是无法生存的，而雪莲却不畏严寒，迎风傲雪。这是由于雪莲的植株矮小而茎粗短，叶子贴着地面生长，上面长满了白色的茸毛，可以防寒、抗风和防止紫外线的辐射。另外，雪莲的根系十分发达，可以深入地下吸收水分和养料。每年7月，雪莲花盛开，花冠外裹着几层膜质苞叶，就像花朵的衣服，可用来防寒，也可用来保持水分。

○珍贵的雪莲

　　雪莲的整个植株晒干后都可以入药，中医认为雪莲性温，味微苦，具有散寒除湿、活血通经、抗炎镇痛等功能，在民间用来治疗肺寒咳嗽、肾虚腰痛、麻疹不适、跌打损伤及风湿性关节炎、贫血、高山不适应症等疾病。

？大蒜和洋葱晒干后种在地里还会长苗吗

　　水是生命之源，没有水，生命就无法生存，然而大蒜和洋葱被太阳晒干后，种在地里还能长苗。这是为什么呢？大蒜头和洋葱头不是种子，是植物体的地下变态茎（鳞茎），可以直接用于繁殖，通常晒干保存。生物体内的水分有两种状态：一部分水能够自由流动，叫自由水；另一部分水与其他物质结合，很难流动，叫结合水。所谓保存时晒干，只是使它失去了能够自由流动的那部分水，这样有利于保存，和其他物质结合的那部分水是很难晒干的。

　　因此大蒜和洋葱晒干后种在地里还能长苗。

○洋葱

百科加油站

　　在生活中常食用大蒜和洋葱，可以起治病和防病的效果，因为它们含有很多的植物杀菌素。只要把大蒜和洋葱放在嘴里咀嚼3分钟，就能把口腔中的细菌消灭掉。由于它们含有植物杀菌素，因此自身很少发生病害。

❓爬山虎为什么能爬高

　　植物为了获得更大的生存空间，以便能得到更多的阳光及其他资源，都有一套本领。有的茎内机械组织发达，能直立往上生长；有的茎幼时较柔软，不能直立，但能缠绕于其他物体上使枝叶升高；有的茎也是幼时较柔软，但可借特有的结构攀缘上升；有的茎细长柔弱，它既不缠，也不攀，而是沿着地面匍匐生长。

　　爬山虎是一种我们常见的藤蔓植物。夏天时，它们绿色的藤蔓在大树干或墙壁上攀缘，冬天时则只剩下一些光秃秃的藤条。爬山虎的适应性很强，从我国东北的吉林省到最南边的省份海南，都能看到它的身影。爬山虎生长迅速，只需一两年便会把一大块墙占满。爬山虎是靠什么爬上光滑的墙、石壁或树干的呢？爬山虎虽然属于葡萄科，但与其他葡萄科的植物不同，其他植物一般靠卷须攀缘其他物体上升，爬山虎虽然有卷须，但它分枝多，卷须的顶端有圆而凹的吸盘，吸盘边缘可分泌黏液；当吸盘接触到墙壁时，黏液就会将吸盘密封起来，形成内外压力差后，吸盘就会产生吸力；多个吸盘能紧紧地吸住墙壁和树干，所以整个植物体便能"飞檐走壁"。老枝固定后幼枝又继续往前生长，又长出新的卷须和吸盘。这样不停地固定和不停地生长，不到一两年便长满墙壁了。

你都知道哪些蜜源植物呢

蜜源植物是专供蜜蜂采集花蜜和花粉的植物，是蜜糖的主要来源。我国及俄罗斯、阿根廷、墨西哥等为产蜜大国。据初步统计，目前全国共有可供采蜜的蜜源植物约10000种，部分种类已成为农作物或园林绿化树种、花卉、药材或牧草的资源植物。仅在耕作区，蜜源植物就占50%左右。紫云英广泛分布于南方各地，棉花、芝麻、向日葵、荞麦、草木樨和果树等分布于华北、华东、西北和东北各地，油菜几乎遍布全国各地。这些蜜源植物的特点往往表现为花期长、流蜜丰富、蜜质优良、稳产高产。

➤勤劳的蜜蜂们正在采蜜

在草原和森林，蜜源植物种类繁多。江南地区的桉树、龙眼、荔枝，华南地区的乌桕，丘陵地区的鸭脚木和山茶科属植物，华北山区的荆条，秦岭南北的槐、枣，东北地区的椴树，西北高原的百里香、香茶菜、野坝子等，都是常见的木本或草本蜜源植物。

百科加油站

蜜源植物分为主要蜜源植物和辅助蜜源植物。前者指花期长、分泌花蜜量多、蜜蜂爱采、能生产商品蜜的植物，如荞麦、油菜、薰衣草等；后者用来在主要蜜源植物开花期不相衔接时，作为调剂食料供蜜蜂采食。

跳舞草真的会"跳舞"吗

这是真的！我国南方很多地方都生长着跳舞草。跳舞草的叶子长长的，一个叶柄上长着一片大叶、两片小叶。人们每次看见它的时候，那两片小叶总是以叶柄为轴心绕着大叶舞动旋转，旋转一圈后又以很快的速度回到原位，然后再开始旋转。一棵跳舞草上的叶子在旋转时虽然有快有慢，但却很有节奏。在旋转的时候，两片小叶时而向上合拢，时而慢慢向下分开展平，就像展翅飞舞的蝴蝶一样。跳舞草为什么要"跳舞"呢？据科学家分析，跳舞草在"跳舞"时，叶片的位置会不停地变换，以获得更多的阳光。

香料植物都有哪些

香料植物是具有香气和可供提取芳香油的栽培植物和野生植物的总称，它们种类繁多，用途广泛，深受人们的喜爱。我们日常生活中常见的香水、香皂和带有香味的化妆品以及香烟、茶、饮料等加入的芳香成分，许多来自天然香料植物。香料植物按芳香成分来自植物不同的器官或分布于植物器官的不同范围可分为香花植物、香根植物，按植物种类可分为草本香料植物和木本香料植物。

香花植物有珠兰、白兰花、腊梅、玫瑰、九里香、沙枣、茉莉、桂花、栀子、铃兰、水仙、野菊等，其中，玫瑰和茉莉是很著名的香花植物，特别是玫瑰油，为精油中的精品，价格比黄金还贵。香根植物有岩桂、苍术、香附子、紫杉、云杉、华山松、红松、柏木等。

草本香料植物是指全草或者地上部分含有芳香性精油的植物。常见的有黄香草木樨、黄葵、灵香草、香茅、藿香等。其中，黄葵含强烈的麝香气，为名贵的天然麝香型香料的原料。木本香料植物是指木本植物中，树皮、木材、枝叶均含有芳香性精油的植物。这类植物有草珊瑚、香桦、红茴香、山苍子、肉桂、樟树、五加、红松、马尾松等。

↑ 玫瑰

⤶ 桂花

为什么树芽不怕寒冬

在寒冷的冬天,我们经常看见一些树木的枝头长满了嫩嫩的树芽,它们不怕冷吗?仔细观察一下,你就会明白原因了。原来,每个树芽的外面都紧紧包裹着一层层鳞片一样的鳞叶。这些鳞叶厚厚的,像紧紧裹在嫩芽外面的"棉衣"。有的鳞叶上面有一层厚厚的蜡质,有的鳞叶上面有一层细密的茸毛,有的鳞叶上覆盖着一层浓稠的树脂。有了这样一件厚厚的"棉衣",嫩芽就能保持正常的"体温"而不会被冻坏了。另外,由于有鳞叶紧紧包裹着,嫩芽体内的水分也不易蒸发,它们就容易度过寒冬了。当然,生活在热带地区的植物的嫩芽是不需要鳞叶包裹的。

🔊 毛茸茸的树芽

珙桐为什么又叫"鸽子树"

珙桐树形优美,树态笔直端正,树皮呈灰褐色,茂密的枝条向上倾斜,仿佛一个巨大的鸽子笼。珙桐叶子长得很密,有些像桑叶,边缘有尖刺,背面还有茸毛。每年四五月是珙桐开花的时节,珙桐花由多数雄花和一朵两性花组成,花色紫红,好像"鸽头"。每个花序的基部都有一对大苞片,分列花序左右。大苞片长7～15厘米,宽3～5厘米,起初呈青绿色,以后渐渐变成乳白色,形如"鸽翅"。山风吹来,"鸽笼"摇荡,仿佛成千上万只白鸽躲在枝头,摆动着可爱的翅膀,振翅欲飞。因此,人们称珙桐树为"鸽子树"。

🔊 珙桐树

百科加油站

珙桐有"植物活化石"之称,是国家8种一级重点保护植物中的珍品,为我国独有的珍稀名贵观赏植物。由于珙桐花盛开时,似满树白鸽展翅欲飞,所以具有象征和平的含意。

为什么早春插柳易成荫

早春时节,柳树枝条内的形成层里有许多分裂能力很强的细胞。这些细胞在适宜的条件下能迅速分裂繁殖,形成根或芽的原始体,即柳枝上那些小突起。这些突起平时处于休眠状态,一旦柳枝被插入泥土里,在温暖湿润的条件下,这些突起就能迅速生根发芽。除此以外,柳枝切口处的细胞分裂非常迅速,能不断分化出"不定根原基",进一步促使其生根发芽。因此,早春柳树易成荫。

柳树

树木的年轮是怎样产生的

在被锯开的木头上,我们常常可以看到一圈圈的花纹,那就是树木的年轮。它是怎么产生的呢?原来,在树干的树皮和木质部之间,有一层分裂能力很强的细胞,叫做形成层。这层细胞能不断分裂出新细胞,使树干不断长粗。春夏时节,气候温暖,雨量充沛,形成层分裂出的细胞又多又大,形成的木材质地疏松,颜色较浅;秋冬季节,气候变冷,天气较干燥,形成层分裂出的细胞既少又小,形成的木材质地细密,颜色较深。这种深浅不一的木纹通常每年长一圈。冬去春来,年轮一圈圈增加,正好记录了树木的年龄。

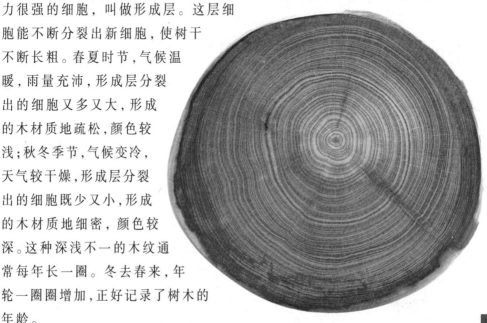
树木的年轮

153

❓ 为什么山脊上的树长得像一杆旗

我们平常看到的大树，树叶在树干上部总要向四周伸展生长，好像一把雨伞的形状。然而，在一些高山山脊或者山坳风口处，一些大树生长畸形，大树的一侧有枝叶生长，另一侧却无枝无叶，人们称做旗形树。这种树是如何形成的呢？

由于受周边山峰和山脉的影响，一些山脊或山坳总是面临强劲的单向风吹刮。生长在这里的乔木植株，从幼树时起，就开始受到这样的风吹，一直持续到长成大树。风，不仅能降温，而且会带走水分。风吹衣服容易干就是这个道理。树木一侧经常受强风吹刮，刚萌动的侧芽由于低温而生长缓慢，又由于风带走水分而容易干死。背风一侧的侧芽受到的影响小，多少能长出一部分侧枝。久而久之，大树就长成畸形，成为旗形树。旗形树所在的位置，树木分布较少。因为有些树在强劲的风吹作用下，根本长不起来，早早死掉了。

❍ 被风吹斜的树

❓ 植物会欣赏音乐吗

植物学家经过长期的观察和实验发现，很多植物喜欢音乐，只不过不同的植物喜欢的音乐各有不同，如蔬菜和水果喜欢"听"古典音乐。假如每天让正在生长的菠菜、大葱和西红柿等听几个小时宁静优美的古典音乐，这些蔬果就可能增产。但如果让它们听嘈杂刺耳的吵闹声，一段时间后，它们就会停止生长，好像生病了一样。因此，植物学家们得出结论：轻柔的音乐可以促进植物细胞的新陈代谢，使它们的光合作用更加活跃，为其生长提供更多的能量；而喧闹的声音则会扰乱植物正常的生理机能，导致植物停止生长。

❍ 西红柿

为什么有些兰花可以长在树枝上

在世界上的众多植物中，兰花的种子是非常小的一种，而且每棵兰花形成的种子非常多。由于种子又轻又多，风可以把它们吹得很远、很高，很多兰花种子就因为这样，可以轻易落在树木的树皮上。

兰花种子很特别，种子本身太小，种子内部没有足够的营养物质以供给种子萌芽，往往需要一些微生物的帮助，种子才能萌发。这些微生物专门分解枯枝落叶，并从枯枝落叶中得到营养来维持生活。兰花种子有时正好碰上适合于它的微生物，依靠微生物供给营养就能萌发。

在一些树皮上往往分布着一些微生物，这些微生物能够分解树皮上的剥落层。落在树皮上的兰花种子有时正好碰上适合的微生物种类，它们就可以在树皮上萌芽，长出幼苗，并且把树皮剥落物的分解物质作为肥料。

一些兰花喜欢阴凉的环境，水分过多容易烂根。而森林里或大树树干上，往往比较阴凉，树皮也不至于太干燥，正好是这些兰花喜欢的环境条件。因此，这些兰花能够在树皮上生长，并且开花结果。

> **百科加油站**
>
> 中国兰花主要有春兰、蕙兰、建兰、寒兰、墨兰五大类，而园艺品种则有上千种。而中国兰花中最为人们熟知的是春兰，它品种繁多，以简单朴素的形态显示淡洁、高雅与文静的气质，其花具淡雅之香，被颂为"国香"。

🎵 美丽的蝴蝶兰

睡莲为什么要"睡觉"

睡莲有个奇特的习性：每天早晨，它会从睡梦中醒来，迎接太阳；中午时分，绽放出艳丽的花朵；黄昏时，随着夜幕的降临，它便收起花瓣进入梦乡。难道睡莲也像人一样要睡觉吗？其实，睡莲并没有真正"入睡"，只是它对阳光反应特别敏感。当阳光照射到闭合着的睡莲花上时，外面受光部分的生长速度变慢，里面未受到光线照射的部分迅速生长，于是花瓣便从里向外绽放；下午，当花朵完全绽放，花瓣伸展成水平时，花瓣受光线照射的一面正好与早晨的情况相反，受光的内侧层生长变慢，而背阴的外侧层生长速度加快，并逐渐超过内侧层，花朵便逐渐闭合。除了睡莲要"睡觉"外，还有不少其他植物也要"睡觉"，如合欢树、花生，它们的叶片每到傍晚就会合拢，天亮时再展开。

❀ 睡莲

何首乌为什么能乌发

何首乌可以治人的须发早白。何首乌的块根里含有一种叫卵磷脂的物质，它既是脑脊髓的主要成分，又是血细胞及其他细胞膜的重要原料，吃了它能促进血细胞的新生及发育，使头发的营养得到改善，新陈代谢加快，防止人的须发早白。

❀ 大蒜

为什么要常吃大蒜

大蒜中含有一种植物抑菌剂，叫大蒜素。大蒜素的杀菌力几乎相当于青霉素的100倍。导致细菌性腹泻、感冒的各种病菌，只要遇到大蒜汁，几分钟内就会被消灭。大蒜还能够降低胆固醇，改善冠状动脉的循环状况。常吃大蒜的人能减少冠心病的得病几率。同时，大蒜能提高人体巨噬细胞的消化能力。这种巨噬细胞能吞吃细菌乃至癌细胞，所以对人的健康，特别是抑制癌细胞的侵害起着积极的作用。据说，在古代，人们就已经懂得了用大蒜杀菌、防止瘟疫和治疗肠道疾病。

为什么同一个玉米棒上会有不同颜色的粒

有时,我们会看到在一个玉米棒上有好几种颜色的颗粒,白的、黄的、红的,非常美丽,这是什么原因?原来,玉米的故乡在很远很远的美洲,由于它产量高,不怕旱涝,世界各地都种。又由于各地气候、土、水等条件不同,种的方法不一样,时间一长,就形成了好多品种,有硬粒玉米、甜玉米、粉玉米等。玉米是靠风传花粉的,风可把秆顶的雄花粉吹落到雌花上,也可把雄花花粉吹落到其他玉米株的雌花上。各种玉米的花粉随着风在空中飘,很容易杂交,结出各色的籽来。

◑ 颜色奇特的玉米

藏红花是产在西藏吗

藏红花是一种多年生草本植物,它非常名贵,在中药里是一味能活血祛淤、消肿止痛的特效名药。人们一直以为藏红花就产自西藏。其实不然,藏红花产在遥远的南欧和西亚。很早以前,藏红花通过陆路来到中国,首先通过喜马拉雅山脉进入西藏,然后由西藏进入内地广大地区,内地人只知此花来自西藏,所以就在红花前加上一个"藏"字。

◑ 藏红花

百科加油站

藏红花的小小柱头才是药用的红花。其产量非常低,一棵苗一般开1～10朵花,按理想的数字计算,每棵苗都开10朵花,5000棵苗才能得到500克花。由于稀少,因此就特别名贵。

157

为什么夏季雨后森林里的蘑菇多

夏季，一阵大雨过后，在树林里的草地上，常常会一下子冒出许多大大小小的蘑菇来。这是为什么呢？原来，蘑菇是用孢子来繁殖后代的菌类。细小的孢子落到泥土里或者朽木上，不会马上发育，直到获得充足的养分和水分后，才会长出菌丝。菌丝能像网一样散布在土壤里或者木头上，吸收水分和养料。等到获得足够的养分和水分后，菌丝上就开始长出一个个小球。小球长得非常快，不久就能钻出地面，一下子伸展开来，长成一个个蘑菇。所以夏季下雨后，森林里的蘑菇多。

❶ 树林里的蘑菇

苦楝为什么能除虫

现实中的化学杀虫剂，对人、畜和益虫都有影响，人们一直想寻找到一种对人、畜、益虫都无害的理想杀虫剂。这就使研究者把眼光投向了植物。研究人员发现了一种叫苦楝的植物。在印度，当地人经常把苦楝树的种子掺在储藏的谷物里，这样可以起到防治害虫的作用。美国的化学家从楝树中分离出一种叫苦楝素的物质，就是它使得那些贪吃的昆虫们"望而生畏"。于是，人们用楝树中提取的物质做了不少实验，发现楝树竟可以防治12种严重的农业害虫，其中包括大名鼎鼎的墨西哥瓢虫、科罗拉多马铃薯瓢虫、北美蚱蜢和烟草夜蛾幼虫等。将楝树种子的粉末撒在田地里，10个星期之后，大麦、小麦、水稻、甘蔗、西红柿等作物都不再受虫害了！

百科加油站

在生物界，某些昆虫对有毒植物逐渐地有了抗毒能力，而植物又在进化，逐渐产生出新的自卫能力，生物界就是在这样的相互竞争中共同进化着，为人类提供了一个充满生机的世界！

为什么许多颜色艳丽的花和蘑菇都有毒

在植物大家族中,有一类是有毒植物,它们的花美丽无比,艳丽动人,但其身体里却含有对人致命的毒素。如罂粟、长春花、夹竹桃、一品红、水仙花、石蒜花等都有或大或小的毒性;森林里的野蘑菇,有许多看起来艳丽,在伞盖上镶嵌着许多鲜红色条状或鳞状斑纹,但是吃了这种毒蘑菇会头晕、恶心、呕吐,严重时昏迷甚至死亡。如条纹毒鹅膏菌就是一种常见的毒蘑菇。

植物的花朵艳丽主要是在进化过程中长期适应昆虫传粉而保留下来的特征,而其身体内含有各种各样的有毒物质也是为了避免被动物取食。一般食草动物都会主动识别有毒植物,例如,牛羊不吃水仙、石蒜花等。

◑ 罂粟

有毒植物毒素的化学成分主要是有毒生物碱、氰甙、强心甙、有毒蛋白质、脂类等物质。这些物质存在于植物的全身,如花、果实、种子、根、茎、叶等各类器官,不过浓度和含量不同而已。虽然有毒植物有着巨大的毒性,但它们往往在治疗一些特别的疾病上发挥着独特的效果,如从夹竹桃科植物中提取的强心甙被用来医治心脏病,从罂粟中可以提取镇痛类药物等。所以说,我们认识植物,最重要的就是了解它的特点,这样才能更好地为人类服务。

◑ 拥有艳丽外表的毒蘑菇

十万个为什么

关于植物的
有趣问题